U1010232

第三章
你那么美，千万别说“我不配”

当你真的用全部的努力和信心，去拥抱梦想和希望，不畏惧失败和坎坷，所有的美好都会为你而来。

你活出自己喜欢的样子，美得会发光 /128

被需要也是一种能力 /135

真正爱你的人，不会让你低到尘埃里 /142

认真对待自己的人，活得都不差 /151

只有等你想明白，人生才算真的开始 /157

你的形象里藏着你的品质 /161

生活步步紧逼，我们绝不能被琐碎的生活禁锢 /169

女人怎么做，才是爱自己 /173

你要坚持一些美好，来爱属于自己的时光 /179

不爱惜自己身体的人没有明天 /184

惬意人生，从跟自己友好相处开始 /191

第四章
千万别看低自己，没人喜欢尘埃中的你

每个人都要明白，能撑起自己的只有自己，只有自己精彩起来，才能真正强大，活出自我，别人也才会欣赏你！

196/ 敢于做自己的人，他的世界不会太小

204/ 眼神是最好的眼霜

208/ 拒绝随波逐流是你对自己最好的保护

213/ 真正主宰命运的人，从来不会放弃自己

218/ 明明可以靠脸吃饭，偏偏要靠才华

224/ 自己是对的状态，才会吸引对的人

228/ 别让不自信限制了你的可能性

232/ 人生不能简省的三件事

238/ 人可以穷，但不能糙

246/ 越主动，活得越精彩

千万别看低自己，没人喜欢尘埃中的你

李晓木 著

古吴轩出版社
中国·苏州

图书在版编目（CIP）数据

千万别看低自己，没人喜欢尘埃中的你 / 李晓木著．—苏州：古吴轩出版社，2018.3

ISBN 978-7-5546-1087-9

Ⅰ．①千… Ⅱ．①李… Ⅲ．①成功心理—通俗读物 Ⅳ．①B848.4-49

中国版本图书馆CIP数据核字（2017）第328396号

责任编辑：蒋丽华
见习编辑：顾　熙
策　　划：孙倩茹
装帧设计：沐希设计

书　　名：千万别看低自己，没人喜欢尘埃中的你
著　　者：李晓木
出版发行：古吴轩出版社
地址：苏州市十梓街458号　　邮编：215006
Http://www.guwuxuancbs.com　　E-mail：gwxcbs@126.com
电话：0512-65233679　　传真：0512-65220750
出 版 人：钱经纬
经　　销：新华书店
印　　刷：三河市兴达印务有限公司
开　　本：880×1230　1/32
印　　张：8
版　　次：2018年3月第1版　第1次印刷
书　　号：ISBN 978-7-5546-1087-9
定　　价：38.00元

如发现印装质量问题，影响阅读，请与印刷厂联系调换。0316-3515999

目录 Contents

第一章
丰富自己，比取悦别人更有力量

无论与谁一起生活，有一项本能绝不能丢，那就是明白自己的快乐与兴趣所在，并且挤出一点时间，与它们相处。

不要把自己当成一件附属品 /002

懂得生长的人，才能逆生长 /008

你有价值，你的爱才有价值 /012

没有好好爱过自己的姑娘，驾驭不了后半生 /016

“不安分”的女人最迷人 /023

你付出得越多，对方越自私 /029

生活以痛吻我，我却回报以歌 /034

你一定要爱自己，别人才会欣赏你 /041

先爱自己再爱别人 /048

女人可以不美，但不能丢了姿态 /054

真正的自爱的人，都懂得适时沉默 /062

只有懂得了自爱，才有能力去爱 /072

第二章
不要仰望别人，你的人生刚刚好

所谓治愈，不过是说，放下自我批判和对过去错误的愧疚。

放下愧疚的心理模式，是提升能量的前提。

078/ 做最好的自己，你本不需要任何标签

084/ 真正的强者，都是包容别人的

091/ 装得出的情商，装不出的教养

099/ 接纳自己，是对生命最大的温柔

104/ 看见自己，是改变的开始

109/ 不抱怨的人，怎样都好看

116/ 有一种自爱是“管住自己的嘴巴”

122/ 别人肯定喜欢我

第一章

丰富自己，比取悦别人更有力量

无论与谁一起生活，

有一项本能绝不能丢，

那就是明白自己的快乐与兴趣所在，

并且挤出一点时间，

与它们相处。

不要把自己当成一件附属品

成长是心理上摆脱对他人的依赖，努力完善自己，寻找到任何人都夺不走的安全感。只有经济和精神的双独立才能有底气要求别人对自己尊重，婚姻才会长远。

01

前段时间一直在追《我的前半生》这部电视剧，而且是非常着迷地追。这部剧很现实，社会上真的就有这么一群坚强的单亲妈妈，独自带着孩子生活。

真实的人生也确实像子君说的那样：“有一份稳定的工作，孩子也不错，但是自己心里还是虚！”这是每一个单亲妈妈都会走的心理路程，想在残酷的现实中活得漂亮，都在咬牙坚持着。

子君的逆袭之所以那么顺利，是因为子君真的很努力。有一句话是这样说的，“上帝为你关上一扇门，同时也会为你打开一扇窗”，而唯一的钥匙是努力。只有努力才会让自己踏实落地，只有努力才可能如有神助般顺利，日子越来越好，让自己活得越来越有底气。

闺蜜月月就遭遇了和子君一样的悲剧。当初月月和她老公也是因为爱情走入婚姻的。情到深处，男人承诺“我养你”，于是月月从农村女孩变为养尊处优的全职太太。

好日子没过多久，月月的婚姻就破裂了，让月月从云端直接扎入泥泽。为了尽快脱离这场离婚闹剧，为了得到女儿的抚养权，她像个爷们似的，选择了净身出户。

《我的前半生》引发热议，正是因为有很多女人对此产生了共鸣，她们通过这部电视剧真的看到了自己的前半生，月月更是坦言：“子君在里面说的台词，好多我都说过！”

在这部剧中，贺涵有一句非常经典的台词：“两个人在一起，进步快的那个人，总会甩掉那个原地踏步的人。”

诚如杨澜所说：“婚姻的纽带不是孩子，不是物质，而是精神的共同成长。”

而月月说，她在那段婚姻中，就是因为停止了成长才会输。

因为生孩子，她做了全职妈妈，一下子胖了二十斤，每天穿脱了线的T恤，由少女直接变成了大妈；由于不上班，老公回家和她说的那些人情、关系，她一句也听不懂。

后来老公回家什么都不说了。

月月说，通过离婚这件事她明白了，婚姻的长久是需要两个人互相扶持的。在对方最无助、最软弱的时候，要鼓励他挺直脊梁，告诉他要坚强，共同承受命运的考验；在对方春风得意的之时，要告诉他“高调做事，低调做人”，做人要谦卑，这才是长久的守护……

两个人的感情除了爱情，还要有越来越多的相似性和互补性，人格互补的婚姻相对稳定，不像以美貌吸引为基础的关系那样易变，这种结合会平稳而幸福。

所以在婚姻里，最不能停止的就是持续成长。

02

一旦进入婚姻，我们就可以找很多借口使自己松懈了。每天都围着老公和孩子转，所以自己才会不修边幅。

离婚这件事让月月真正体会到了什么是人生的低谷，她也很庆幸自己争取到女儿的抚养权，女儿就是她所有力量的源泉。

那段时间她瘦了二十多斤，又恢复了以前纤细清秀的样子，重新进入了职场。从保洁员做起，到现在管理三个部门，她当上了月薪过万的经理。这一路走来，她需要付出多少努力，不用多说，我们也可以想象出来。这场艰难的蜕变，月月做到了。

她说以前不上班的时候，前夫每个月给她四千元贴补家用，她过得战战兢兢，买了东西藏着掖着；现在自己月薪过万，足以照顾好女儿。还是自己挣钱活得更有底气。那种满足感带来的快乐才是一个女人保持青春的良药。

当年月月以为结了婚就有一个人罩着自己、保护自己，可以一劳永逸了，再也没有了年轻时的上进，只想着混混日子，在安逸中度过一生。

可是，我们都知道，没有什么是一成不变的，没有人会保证自己始终如一。安逸、舒服的生活是对一个人和一段婚姻的囚困，没有交流的关系终将死于沉默，就像一潭死水终会干涸。

唯有不断成长才是婚姻最好的保鲜剂和保护伞。

成长是心理上摆脱对他人的依赖，努力完善自己，寻找到任何人都夺不走的安全感。只有经济和精神的双独立才能有底气要求别人对自己尊重，婚姻才会长远。

03

请始终记得，想要幸福的婚姻，就把自己好的一面送给对方，怎么可以忍受自己粗俗、肥胖、肤浅和没有新鲜感？

无论是顺境还是逆境，努力和成长是我们永远都不能丢掉的事情，它就像一把保护伞，让我们无论在什么境地，都可以像亦舒女郎一样“姿态好看”。

因此，在这种心态下，要认识到自己的不足，走出舒适区，去成长。这个成长的过程就是从外到内的提升，习惯的改变、价值观的成熟、待人接物的稳重、自律的养成……

这种不断地给彼此惊喜，让对方引以为傲的婚姻，才会充满魔力，将幸福延续。

懂得生长的人，才能逆生长

归根结底，女人要聪明一点，要从失败里获得成长，而不是停滞不前，甚至无休止地沉沦。

01

叶子是我关注多年的网红，这段时间她很少露面，我怀疑她是不是出了什么事。

听晶晶说她最近暴瘦，精神状态极差，每天只睡2—3个小时，白天靠咖啡撑着，也没有勇气出视频，怕会现场崩溃……

最近听说她和大叔突然离婚了，她整个人一下子垮了，出于女人的第六感，我猜到原因可能就是她的感情出了问题。

想当年叶子和大叔就是我眼中的神仙眷侣，大叔对叶子各种宠溺，夫妻俩经常花式秀恩爱。大叔让叶子自由勇敢地追求自己的梦想，甚至可以接受丁克。

有人说为了让男人不变心，女人要终生保持形象美好，可叶子简直就是逆生长。有人说为了让男人不变心，女人要有离开任何人都可以精彩过一生的实力，可叶子在电商方面做得很成功，每一次淘宝上新，粗略估计也是百万元级别的收益。

然后呢？女人白、瘦、美，还事业有成，背后的男人还是离开了她。

感情的事，冷暖自知，谁也不能肆意评判。

送给叶子自己最喜欢那句话：打不死你的，只会让你更强。

02

倩倩的前夫是她的初恋，在她十五岁时两个人初相识，之后风雨兼程地走过了十几个年头。可最后两个人还是分道扬镳了。

当初倩倩本着“以夫为纲”的婚姻观陪伴爱人辗转于各国，

牺牲小我而支持爱人的大我，汤水侍奉翁姑，上得厅堂，下得厨房……

后来爱人还是背叛了她。

这次背叛，让她结束了为责任、为顾全孩子而活的人生，开始真正为自己而活了。

离婚后的倩倩看到一句话："物质有涯而精神无涯。人到中年，一定要给自己一个整修加油再出发的充电站，否则，前进的道路会显得又疲惫又无趣。"

她决定去学校继续学习，做回那个有梦想的自己。

前夫是做红酒生意的，她这些年也懂得不少，干脆去了法国学习品酒，一去就是四年，课程结束后，她发现自己竟然爱上了红酒。

一个错的人换来了对的人生，也未尝不是件好事。

03

一段走不到头的感情，多半是因为日渐相熟的两个人对彼此的接纳程度已经经不住考验。

归根结底，女人要聪明一点，要从失败里获得成长，而不是停滞不前，甚至无休止地沉沦。

唯有具备了这种能量，才能在踏遍千山万水之后，仍敢挟着一颗赤子之心翻转于情海。

当我们经历挫败和劫难时，别怕，这份礼物终将融进你的血液，加速你的成长。

相信我，接受发生的一切，总有一天你会知道它是挑战还是恩宠。

你有价值，你的爱才有价值

如果你认为别人瞧不起你，一定是你自己先否定了自己，赋予了别人瞧不起你的权利。

凌晨时分，我仍毫无睡意，不知道是咖啡惹的祸还是我仍沉醉在白天那美丽宜人的景色里……从舒适的床上爬起来，我到处翻可以吃的东西，翻到了半袋锅巴。我顺手打开了电视，天津台的一档节目吸引了我。

节目里男孩要和女孩分手，原因是女孩经常歇斯底里地发泄情绪，有一次甚至拿刀对着他。男孩和她在一起感到很恐惧。

主持人问女孩为什么会有这么大的负面情绪。女孩说了自己的故事。以前她的家境非常好，一直过着衣食无忧的生活。但是高三那年家里的生意出现了问题，日子一下子拮据起来，她精神上受了很大的打击，影响了学习成绩，没有考上理想的大学。

大学毕业后女孩和男孩同居了，因受不了工作中复杂的人际关系而选择不上班。她说男孩回家后不和她说话，而且已经有一段时间了，她感觉男孩越来越瞧不起自己。

嘉宾们做了很精彩的分析，循循善诱，劝说男孩要多关心女孩。

同为女人，我倒是很想对这个女孩说一些话。

我的第一感觉是女孩很不爱自己。不是男孩瞧不起她，而是她自己瞧不起自己。家境好时，觉得自己什么都好；家境不好时，就觉得自己不值得被爱了。以前的自己在天上，现在的自己摔在了地上。自己的安全感全部来自外在的环境。

于我看来，家境的败落不是她活得紧缩、自哀自怜，从此一蹶不振的理由。家境败落对她来说恰恰是成长的契机，是包装恐怖的礼物，能让她从中得到历练。这是她必须要上的人生功课。

首先，她一定要去找一份自己喜欢的工作，找到自己热爱并坚持的东西，找到自己真正的价值。我很赞同一句话：工作是女人最好的保养品，有了它的滋润，女人才能活出自己的精彩。

其次，学会面对现实。要让自己从压抑的情绪中走出来，要有与“恐惧”“害怕失去”这种情绪共处的能力。等到内心强大了，你自然就会拥有面对问题、处理问题的勇气和能力，找回本就属于自己的自信、自尊和自爱。

如果你认为别人瞧不起你，一定是你自己先否定了自己，赋予了别人瞧不起你的权利。

就像张德芬老师说的：“亲爱的，外面没有别人，只有你自己。”

要多向内看，坚强、勇敢、善良、专注，还有最重要的爱、喜悦、平和，这些都不是用钱可以买到的。

最后，你要从现在开始不再做依附着男人的女人。不要偷看他的手机，试图找他不爱你的证据，然后生气、吵架。这样只会让你爱的人对你敬而远之。最明智的做法是做自己的女王，让男人仰视你，让他发现没有了他，你依然能活得很好。当你有一天做到了，你会发现你收获的不仅仅是稳定的感情。

节目最后，男孩没有放弃女孩，并自我检讨说，是自己对她关心不够。而女孩也说要改变自己。写到这儿，我突然很心疼这个素不相识的女孩了。

女孩，加油！

男孩，珍惜！

没有好好爱过自己的姑娘，驾驭不了后半生

有多少人是因为金钱、利益的驱使，又有多少人是因为爱情？各取所需吧，能够持守其中的平衡，这就是合适的婚姻。

01

“米米，我要结婚啦！”小慧在电话里兴奋地说。

“真的呀，这么快，上半年你还单着呢！”米米心想漂亮真好，小慧的追求者就没断过，而自己，追求者寥寥无几。

“他是干什么的呀？”

“一个‘富二代’。他说只要我们结婚，他就给我安排一份好工作。”小慧带有让人很容易就感受到的优越感。

“你就因为这个结婚？不会吧？”米米一不小心脱口而出，可说完就后悔了。因为她知道，小慧那种心高气傲的女孩子，听

不得别人说她半点不好。

“那有什么，现在很多人不都是依靠婚姻来改变命运的吗？”小慧对米米的语气很是反感，让她觉得很有压迫感。

“好了，米米，先不说啦，我结婚那天你一定要来啊！”

“必须的！”

米米的感觉非常不好，她始终无法真诚地祝福小慧，甚至预感她的婚姻不会长久。

结婚那天，米米看到了新郎家强，他比小慧矮一头，长相不和善，很凶，而小慧又是那么漂亮，两个人差距明显。每个人的第一感觉都是，太不般配了，这男人一定非常有钱！

小慧结婚后的几个月里，看她的朋友圈，今天住在马尔代夫，明天晒个名牌。

米米想，可能真的是自己想多了，婚姻合不合适，从来只有当事人知道。有多少人是因为金钱、利益的驱使，又有多少人是因为爱情？各取所需吧，能够持守其中的平衡，这就是合适的婚姻。

02

有一天，米米突然接到小慧的电话，小慧支支吾吾地说了半天，大概的意思是问米米那边是否方便，她想去住几天，她和老公冷战了。

米米晚上开导小慧，小慧一直敷衍，米米知道自己劝说无效，正准备关灯睡觉，小慧突然哭丧着脸说："结婚这才几天，家强他妈把一个四岁的小女孩领到我面前，说以前家强没有结婚，孩子她照看，现在儿子成家了，孩子就由我来管。"

"家强有孩子？"米米觉得这事儿也太蹊跷了。

"不管我怎么追问，家强和他妈都统一口径，说孩子是抱养的。"

"你信吗？"米米问。

"我当然不信，如果他们能诚实地告诉我，孩子是家强和别的女人生的，我可以原谅并接受这个孩子，但他们一口咬定是抱养的，全家把我当傻子吗？"

其实小慧真的不想和别人说这些事儿，怕别人笑话，但是她孤军奋战，不说出来实在感觉太憋屈了。

作为一个外人，这种情况米米真的不好说什么，也不敢对小慧说什么，因为要强的小慧不知道会怎么理解。

米米这几天唯一能做的就是把小慧照顾好，小慧对米米很感激，想着之前对她处处刻薄，患难时，她没有落井下石，是可靠的朋友。

小慧有的时候还会无端地嫉妒米米，凭什么她看上去总是那般岁月静好，而自己总是一地鸡毛，明明自己的条件更好。

后来小慧还是结束了这段婚姻，刚开始她想静静地看家强和他的家人的表演，因为她认定那个孩子就是家强的，但是她还是没有通达到在骗局里开明而毫无怨怼地生活。

03

离婚后小慧一直对米米说，女人一旦过了三十岁就很难遇到合适的对象了，要趁着年轻貌美赶紧嫁出去，说这话的时候，小慧正好三十岁。

高不成低不就的小慧，单身了一段时间。虽然脸上看不出什么岁月的痕迹，但是米米明显地感觉到她的心态老了很多。

小慧又要结婚了，对方是公务员，月薪五千，有房有车，长得还算顺眼，看着挺忠厚的，关键是对她特别好，小慧在电话里和米米说这些的时候，她已经打算结婚了。

米米还是忍不住劝她，要多了解一下对方，至少要有共同语言，婚后的日子才好过啊。小慧说不用了。

小慧家里人都觉得他不错，小慧都二婚了，年龄也大了，条件该降就得降，将就嫁了就行。

过了半年，小慧对米米说，她又离婚了。米米没觉得太意外，只问了句："为什么？"

"他把我骗了，房子不是他的，房产证上根本没有他的名字，房子是他哥的。"小慧一脸愤愤不平。她此时已经没有离婚的伤痛，只有屈辱，想想觉得自己对他不是爱，那是一颗井底之蛙的心，以及对上一段婚姻的自卑。

米米这次没有劝小慧，因为她搞不清楚小慧到底是因为房子，还是有别的什么原因。两次婚姻，都是婚后才发现被骗，历史总是惊人的相似。

都说婚前要睁大双眼，婚后要睁一只眼闭一只眼，而小慧正好给弄反了。

04

“我觉得我此生注定情感波折。”小慧万般无辜、无奈地对米米说。她希望依然可以在米米那里得到温暖、得到理解。

“是啊，命运弄人！”米米安慰着小慧，心里想她这又怪起了命运，好吧，如果这样能让她舒服一些的话。

有时候婚姻的确像一场赌博，但赌的前提应该是爱，以任何目的和条件为前提的婚姻，如果没有爱，就像没有打地基的房子，说倒就倒。

与其说小慧在两次婚姻中都被骗了，还不如说小惠不懂自爱，她做了婚姻中的鸵鸟，把头伸进沙子里，自己骗自己罢了！

内心对自己的看低是她一次次走进失败关系的根源。她没有问过自己真正需要的是什么，所以她的每一次选择都是依据别人的标准。事实上，如果她真正了解了自己，尊重自己的感受，命运也许会有所转圜。

“不安分”的女人最迷人

有人觉得，嫁给一个好男人就是幸福，其实不然。有能力让自己幸福，有能力给男人幸福，才是真正的幸福。

01

听过这样一个故事：

总统的老婆去买花，花店老板说：“你真幸运，嫁给了一位总统！”

她微微一笑，说：“我嫁给你，你也是总统！”

不是我嫁给谁我就幸福，而是嫁给谁我都幸福！其他的不说，能拥有这份自信本身就已经是一种幸福。

有这样一种女人，不管发生什么，她们都相信自己会做出最好的选择，她们外表柔情，内心强大，不把幸福依托在其他人身上，她们用尽全力爱自己，过一世安好的生活。

02

晓婷和男朋友相爱时，两个人都还是穷学生。

两个人刚毕业的时候，那是真穷啊，每天流连在大大小小的人才市场，住在漏水的地下室，每天吃方便面、咸菜白饭……连打印简历的钱都心疼。

她男朋友后来顺利地进了一家IT公司，两个人特意去吃了一顿麻辣烫，真是美味啊，饿透的两个人连汤都喝了。

那晚回去的时候已经没有公交车了，两个人为了省打车费，走路回的家，子夜一点才到了住处。

男朋友发了第一个月工资，他们搬家了，从地下换到了地上。虽然是城市边缘破旧的居民楼，每天得早起两个小时赶早班车，可他们终于有了充满阳光的阳台和可以做饭的厨房。

贫穷是很考验爱情的，晓婷在他男朋友最穷的五年里没有一句怨言。没买过什么新衣服，每次她老公说："你买件新衣服啊！"晓婷总说："不买，省着，咱们未来的家就多了一块砖头，那才是我真正想要的啊！"

两个人都很努力，日子终于越来越好了。

从有了女儿开始，老公的职位就一路飙升到了公司的副总。他总说女儿是他们家的福星。

然而婚姻的考验还是猝不及防地来了。

老公的同事闻浠是他大学时的学妹，长相清纯，是名副其实的"司花"。全公司的男同事在她面前都屏息敛气，生怕声音大一点，就"辣手摧花"。

因为是校友，两个人自然多了几分亲近。

闻浠对其他人永远是大大咧咧的样子，唯独面对晓婷老公，眼神永远是柔情似水的，会莫名其妙地脸红。

他是过来人，明白她羞赧的背后是什么。

很多人不怀好意地将这件事情告诉了晓婷。晓婷却没有任何异样，依旧看自己的书，收拾整理好家里，节假日就带女儿到处游山玩水。

晓婷知道闻浠的存在，老公也特别怕晓婷追问。但晓婷好像并不为此事所烦恼，依旧每天快乐地过着自己的小日子，并没有过问。

每天画着精致的妆容；送女儿去幼儿园后直接去学习瑜伽；厨艺越发精湛，学了各种花式烹调的手艺；学习英语，还能流利地与老外交流；看书、写字、摄影……还抓住机会重新进入了职场。

她老公突然看到了这个跟着自己近十年，和自己吃过苦，为自己生了孩子的女人身上原来还有这样不可估量的能量，他顿时萌生了深深的好奇。

后来，关于闻浠的流言也不破而灭，再也没有被提及。

很多人都只看到了晓婷拥有一位帅气、多金、专情的副总老公，一个懂事乖巧的女儿，一个幸福的家庭。没有人知道她如何用柔韧和智慧穿过人性的考验，穿过曲折蜿蜒的压力，完成了自己的成长。

有人觉得，嫁给一个好男人就是幸福，其实不然。有能力让自己幸福，有能力给男人幸福，才是真正的幸福。

03

《围城》中说婚姻是一座围城，城外的人想进去，城里的人想出来。

而晓婷就是有本事把生活越过越浓，品这样的女人就像吃一颗太妃糖，冰凉到温暖再到绵柔，最后男人被这颗太妃糖融化了，由内而外地幸福香甜。

每个人都有自己的困惑。感情这种事谁也说不清，我们自己每日都在变，何况对方呢？宽容和智慧在婚姻中格外重要。

我们在年轻时就浓烈地喜欢过的人，终究会归于平常。这是人生常态，你永远不知道，生活接下来会给你什么。

女人在婚姻中，要勇敢地给自己的精神“断奶”，给自己和他人都留有余地。不管是夫妻还是子女，我们都必须适当地给自己和对方留一点空间。

女人，你一定要努力，让自己拥有选择的实力！

即使生活给了你一地鸡毛，你也要把它扎成鸡毛掸子；给了你一个柠檬，你可以将它榨成蜂蜜柠檬汁；给了你一手差牌，你也要用尽自己所有的努力和智慧打好它，实在不行，也要让自己拥有足够的筹码，大不了重新洗牌。

愿你，是好女儿、好妻子、好妈妈，也没有冷落自己。

愿你，永远保持得体的穿搭和举止。

愿你，善待自己内心的小孩，和她和平共处。

愿你，不要爱得太满，让自己内心强大。

愿你，成为不管嫁给谁，都幸福的女人。

你付出得越多，对方越自私

爱情是各自独立，然后又各自坚强，最后成为对方生命中最重要的人，双方因共同成长而变得更美好。

01

大晴在二十五岁前都不知道自己要什么，大学刚毕业，工作不稳定，也不想其他的事情，每天只想着找个好人就嫁了吧，不用租房子，不用挤公交，不用害怕在大城市的日子过得紧巴巴。早早嫁作人妇，然后一辈子美满幸福，过上王子与灰姑娘的童话般的生活。

可是很多年过去了，大晴并没有遇见那个想象中的王子，倒是见识了不少奇葩。而反观身边那些努力做自己，从艰苦中熬过来的姑娘们，她们付了房子首付，买了小车代步，身边没有王子，靠自己也博出了想要的生活。

大晴后悔自己浪费了大好年华，如果当初她把精力都放在工作上，放在自我增值上，也不至于像现在这样眼睁睁地看着别人成长，自己却一事无成，满心恐慌。

一个女孩子要经历多少虚荣后的空白，才明白自我奋斗的价值和意义；一个女孩子要嫁给什么样的男人，才能保证对方一辈子只爱她；一个女孩子要见多少世面，才知道浮华世界背后的运行规则。

随着年纪渐长，女人越觉得这辈子最应该依靠和相信的人是自己，越觉得自己是如此珍贵和重要。女人想活得坏很容易，想活得好却很难。在任何时候都要想着好好爱自己，爱自己的心情，珍惜每一次的爱情，爱自己的婚姻和事业。

生活从来就是过给自己看，而不是给别人看的。

02

乐乐离婚了，并不是因为丈夫出轨，而是他提出了一个实在算不得理由的理由：婚姻太没劲了。

婚姻为什么没劲？乐乐说那是因为太安逸了。

乐乐先是委屈地哭，婚姻破裂之前，她一直觉得自己的婚姻很美满：丈夫无可指责，早出晚归，一打电话不是在工作单位，就是在回家的路上。生活也无可挑剔，虽然不是宝马、别墅，却也比下有余，并且她还深谙知足常乐的道理。

乐乐对生活没有太大的欲望和奢求，没有梦想、没有目标、没有追求，沉浸在一日三餐的安逸中，沉迷在韩剧里。

哭完之后，乐乐开始愤怒地罗列出丈夫的种种罪行，不厌其烦地阐述着安逸的婚姻是多么幸福，几乎是人人羡慕的美满，而丈夫却放着安逸的日子不过非要和她离婚。乐乐说要在这里笑着等他后悔，后悔当初的不懂珍惜。

可是，乐乐却忽略了一点，没有一种状态会一成不变，没有一个人会始终如一，安逸的婚姻像一潭波澜不惊的死水，让人觉得无聊至极。

我觉得乐乐的丈夫说得也没错，婚姻会生于忧患而死于安乐，安逸的婚姻是舒服的，却无法令人激动，一潭死水是安逸的，可它不流动，不翻腾，没有更为新鲜的水流注入进来，所以安逸让婚姻丧失了生命力。

当然，作为丈夫的他也要负很大一部分责任，责任在于，他和乐乐犯了同样的毛病，一起让婚姻变得像一潭死水。

婚姻害怕表面的安逸，一段婚姻过于沉默，实际上是两个人之间没有了爱的流动，感情在不知不觉中被消磨掉了。

爱情是各自独立，然后又各自坚强，最后成为对方生命中最重要的人，双方因共同成长而变得更美好。

婚姻变得沉默，很大原因是双方停止了共同成长。

所以经历了一些事情之后，我们总有一段时间想跟从前的自己告别，想用一种新的方式出发。想要好的婚姻，想要好的爱人，先从打造美好的自己开始。

我们得学着把重心放在自己身上。

03

有的姑娘渴望男人的宠爱，有的姑娘却忙着宠爱自己。渴望被男人宠爱的姑娘，把主动权交了出去，最终受伤最深的依旧是自己。忙着宠爱自己的姑娘，努力提升自己的层次，把自己打理好，会遇见惊喜。

一个女人到了一定年纪总会懂得与自己独处，懂得把自己打理得很好的重要意义。

女人拿自己的人生取悦别人，不一定能如愿地得到自己想要的。

女人终其一生都要对自己好，这才是一生最大的课题。

生活以痛吻我，我却回报以歌

要学会给自己爱和关注，从而填补内心的空虚，不再患得患失，缺乏安全感和紧张感。这种自我接纳会拯救自己，改善自己与别人之间的关系。

01

“爱自己是终生浪漫的开始”这句话是王尔德说的，我很喜欢。

对于这句话，我的理解是，爱自己，就是不要因人生的不如意而自暴自弃，不要因为别人的错误而惩罚自己。

不要因为手中有一副烂牌，埋怨命运，进而胡乱出牌，颓废到底。

而是以“生活以痛吻我，我却回报以歌”的心态好好活着。你活得万丈光芒，很多美好自然而来。

妍妍失恋了，她苦心经营了六年的感情说断就断了，我们几个朋友很担心她会一蹶不振。

可是那晚上，妍妍在微信群里问我们几个谁可以陪她去吃饭。

我正好有时间，她就开车来接我。在我印象中失恋的人应该是茶饭不思，可妍妍看上去并不是这样的。

到了餐厅，妍妍要了一份素食，吃得很香。她还特意嘱咐服务员菜不要太油腻，有些东西坚决不吃。她说，不管别人怎么看轻她，怎么不珍惜她，但身体是她自己的，她要比所有人都爱惜。

妍妍这种态度让我很佩服，这才是真的爱自己，不轻易否定自己，不放弃自爱。

生活中的不顺利反而让她更加宠爱自己、照顾自己，好好吃饭，是在情绪低落时，治愈自己的一剂良药，能帮助自己顺利地度过低潮期。

我认为这是最好的处理方式，当一切不可逆时，不妨随他去吧！生活是自己的，身体是自己的，心情也是自己的。事情已经变得这么糟糕，如果还因此不吃东西，祸害身体，岂不是损失更大。

不要拿自己的身体跟无形的压力、委屈、痛苦等瞎较劲儿。就算你的生活已经糟糕透顶，你也要守住底线，要好好吃饭。

因为只有吃饱喝足，才更有体力和精力继续去做想做的事，去遇见对的人，去为喜欢的生活而打拼。

02

我们家附近住着一对父子，儿子是智力障碍者。可是每天我都可以看到那位父亲把自己和儿子收拾得利落、妥帖，然后两个人在小区的广场上散步。

从这位父亲脸上的表情可以看出，他没有怨恨命运，相反，他总是笑呵呵的，一副满足的样子。

一个很偶然的机会，我和这位父亲聊了几句，他告诉我，儿子在很小的时候就被发现有先天疾病了，妻子得知结果后，离开了他们。这对他来说是双重打击。

他恨过、怨过，最后都化为理解。一个女人想过好日子，他很理解。

他说他也想过上衣食无忧的日子，他每天努力地照料孩子的衣食住行，每天认真给孩子洗澡，穿干净的衣衫。他不希望儿子被别人看低。

我们小区里的每一个人，提到这对父子都会竖起大拇指，这才是真正的爱自己和不放弃生活。

生活对他施以鞭刑，把他抽打得浑身伤痕，然后躲在一旁准备看他的笑话。可是这位父亲，他爱自己，对自己负责，而不是颓瘫在某个角落里，任伤口肆意流血。

活得干净，活得坦荡，活出自己的底气，完美地诠释了如何正确地爱自己。

03

我看过电影《被嫌弃的松子的一生》，这部电影让我一度落泪，数段虐恋几乎无缝拼接。这部影片让我意识到，人活在世，穷尽一生，都在学习爱自己，只有学会了怎样爱自己，才能让自己避免很多疼痛。

松子从小就没有得到足够的关注和爱，无论她怎样讨好，如何乖巧都无济于事，都无法把爱留在身边。

她遭学生的陷害，而被学校开除；与作家同居，却目睹心爱的人自杀；后来与作家的朋友同居，又发现被欺骗……

这一连串事件的发生，让观众在心疼松子的同时，也发现了一个问题：松子如此任命运摆布，又如此遭人嫌弃，最根本的原因是，她把对别人无尽的付出和爱用来填补自己内心的不安全感和挫败感。因为她把力量和希望都放到了别人身上，所以得到的是别人变本加厉的伤害。

这就是无法爱自己的人的结局。

如果松子从小就不畏环境，努力地爱惜自己，让自己强大，以她的美貌和天赋，哪会给别人践踏她自尊的机会。

04

现在有很多人对“爱自己”有所误解。在我们固有的观念里，爱他人、爱集体才是美德，而爱自己就是自私自利的。

这是错误的观念。

利己不是爱自己。

恰恰相反，利己是不爱自己，因为内心空洞，而需要别人的力量和外在的物质来肯定、帮助、满足自己，把自己的力量交出去。这是在害自己，是最危险的。

爱自己就是接受自己的不完美。正确看待、接受自己的长相、出身、能力，并为此感到骄傲。觉得自己不输给别人，更不会借助或企求别人的帮助，来填补内心的空虚。

要学会给自己爱和关注，从而填补内心的空虚，不再患得患失，缺乏安全感和紧张感。这种自我接纳会拯救自己，改善自己与别人之间的关系。

真正的爱自己，是尊重自己、理解自己、接纳自己，不委屈地付出，不用控制与被控制的方式去处理关系。当别人对自己造成伤害时，马上止步，不评价，不抱怨，用爱来回报对自己好的人。

因内心充实而笃定，因笃定而自信，因自信而有实力去开启浪漫的一生。

你一定要爱自己，别人才会欣赏你

你对自己充满宽容和爱，你接触的每一个人才会把宽容和爱传递给你。千万别看低自己，所有人都喜欢那个自信、有力量的你。

01

宁浩和叶叶两个人自结婚以来，一直分居在两个城市，因为有了爱情，让两座相距几百公里的城市仿佛近在咫尺。

每个周末宁浩都赶到叶叶所在的城市，那里有他们温馨的小家，他们过着“周末夫妻”的双城生活。

叶叶爱吃牛轧糖，而市面上卖的牛轧糖太甜，又有大量的食品添加剂，吃多了对身体不好。宁浩是个细心的人，为此他学会了自制牛轧糖。

每次回家之前，他都剁好花生碎，50g黄油下锅，炒棉花糖、奶粉和花生碎，黏稠后搅拌均匀，放入硅胶盘中，按到薄厚适中，等温度降到40℃以下脱模。先切条，再切块，包上糖纸，放入保鲜盒，整个过程专注而娴熟，每周雷打不动地带回一盒。

吃过晚餐后的两个人，偎依在小屋子里，宁浩把牛轧糖送到叶叶的嘴里，叶叶吃在嘴里，甜到心里，这是她吃过的最好吃的牛轧糖。

叶叶时常觉得自己可能上辈子拯救了银河系，才会拥有宁浩的这般宠溺。

后来叶叶怀孕了，她在宁浩的劝说下辞掉了工作。从女儿出生到上小学，叶叶已经离开职场近十年。她不再是当年清秀窈窕的美少女，而是每天穿着脱了线的T恤且蓬头垢面的家庭妇女。

过了段时间，叶叶发现宁浩变了。婚姻中的女人，就是这样的敏感，哪怕是对方神经末梢的变化，都可以察觉出来。

宁浩再返城时，不再像往常那样坐最后一班高铁，而是改坐提前十分钟的客车。客车车票的价格不比高铁票便宜，而且时间还长，可是宁浩却选择坐提前十分钟的客车。

十分钟，成了叶叶心里痛苦的桎梏。

宁浩变了，连在家里多待上十分钟，他都不愿意了，走得那么急切。

叶叶痛苦了好几个月，也没有勇气向宁浩问清楚。她怕一旦捅破了那层窗户纸，就毁了她和女儿的家。在婚姻中，如果过多地依赖对方，就会变得缺乏安全感，整日如履薄冰，这是因为把主动权交了出去。

叶叶以最快的速度重新找了一份工作，时间自由，并不耽误接送孩子。叶叶又找出了高跟鞋，买了化妆品和套裙，重新精致起来。

叶叶干脆把所有的时间都用来工作、提升自己和照顾女儿，也不再过问宁浩什么时候回家了，她希望自己以最快的速度强大起来。

宁浩发现了叶叶的变化，叶叶越是给他自由，他反而越想回家。

现在宁浩又开始坐周六最早的一班高铁回家，最晚的一班高铁离家。

独立不是两个人分开，而是心理上摆脱对他人的依赖，努力完善自己，寻找到别人夺不走的安全感。女人只有经济和精神双独立，才能活得有底气，婚姻才会长远。

02

我的一位朋友，她今年三十三岁了，已经和前夫离婚三年，自己带着孩子独立生活。身边的人都告诉她：女人岁数越大越难找对象，赶紧趁着自己还有几分姿色，把自己嫁了。嫁了之后还得给对方生一个孩子，这样的婚姻才牢固。

我们都积极地到处为她寻找合适的对象，有时候我们甚至会因为她不选择某男士而发生争吵。

对方生意做得那么大，没有什么学识就没有呗；对方是大学老师，这回有学识了，跟你坚持AA制，风度就慢慢培养呗……

为什么不能降一降标准？一个人多辛苦，为什么不快点找个人帮你分担一下？

我们帮她罗列出了合理的解决方案，只为了让她快点二婚，我们都是为她好啊！

最后，朋友实在受不了就对我说："我觉得现在这个状态挺好的，不用再多面对一家子人，生活简单多了，也容易多了。我不想生活在你们所谓好日子中，我要爱我所爱，做自己。"

我猛地醒悟，朋友是如此真实地爱着自己。我不是她，她觉得现在的状态很好就好啊，她是当事人，她有权利拒绝每个相亲对象，有权利选择单身生活，有权利做自己。

现在，我们有时间就在微信聊一会儿，但我已经不去追问她有没有遇到可以结婚的对象，她自己也决定不去相亲了，从心出发做自己，让一切顺其自然。

她说："每天上班努力工作，下班照顾孩子，每天坚持读两个小时的书，练一个小时的瑜伽，最近还忙着装修自己的新房子，一切都挺好的，虽然偶尔会寂寞，但不孤独。"

经常看到她在微信朋友圈里晒她和孩子游山玩水的照片、她自己做的蛋糕、新购置的单反等生活中幸福的瞬间，我都忍不住留言：“嘿，我真的羡慕你的生活了！”

就像于丹老师所说的：“要本着平等和理性的态度去尊重每一个人。彼此之间留一点分寸，有一点余地。花未全开，月未圆，这是人间最好的境界。”

所以，请尊重每个人做自己，因为做自己就是在爱自己。

爱自己是也需要理由的，我们对自己的爱要想持之以恒，先要做自己。

03

爱自己是接受自己的一切。没有人比你更了解自己的优缺点，而接受自己的一切，却是爱自己最好的方式。

爱自己是一种发自内心的能量，它会让你拥有丰厚而美丽的内在世界。它不是我们与生俱来的能量，它是通过感知和经历，通过领悟和学习才慢慢地积聚起来的。

你一路的历练，是为了让你明白一个道理：人的一生就是学着爱自己。只有这样，你才能真正成为一个被别人欣赏、喜爱的人。这样的你才会不断给别人带来希望，没有人喜欢总是带来消极情绪的人。**你对自己充满宽容和爱，你接触的每一个人才会把宽容和爱传递给你。千万别看低自己，所有人都喜欢那个自信、有力量的你。**

先爱自己再爱别人

我们很努力，很努力，不是为了有一天可以依附他人，而是为了有一天，遇到那个可以终老一生的人，不至于高攀也不用感到卑微。

01

我一直很喜欢舒婷的这首《致橡树》，它代表的是一种爱情观：我要以与你最般配的样子来爱你。

我如果爱你——

绝不像攀援的凌霄花，

借你的高枝炫耀自己；

……

我必须是你近旁的一株木棉，

作为树的形象和你站在一起。

根，紧握在地下；

叶，相触在云里。

谈过恋爱的人不会不知道，真正的爱情大多是势均力敌，王子爱上灰姑娘那只存在于童话之中。

细细在高中的时候，一直暗恋班上的“男神”。

“男神”是十足的“学霸”，在班级里，成绩一直遥遥领先，年级排名稳居前三。他话很少，不爱笑，为人很低调，一度被同学以为家庭条件不好，才这么用功。

后来有一次开家长会，他被选为优秀学生代表，老师请来了他的父母，大家才知道他家境优渥，更何况他还有最让女生迷恋的优点——长相好。

细细想，你这么“高冷”，问你个问题都爱搭不理的，不就是觉得自己长得帅、学习好吗？

细细分析了一下现状，自己长得不错，智商不低，那么就主攻学习，一定要撼动他第一的位置，让他感受到自己的存在。

从此细细每天早起晚睡，把所有的时间，全部用在学习上，努力到父母都害怕了，这孩子是在学校受到什么刺激了，这么用功？

这一学期的期末考试，细细以1.5分的优势领先“男神”，成了全年级第一。两个人终于旗鼓相当、互相欣赏了。

高考结束后，两个人的分数仅相差十分，“男神”红着脸问细细：“你报哪所大学？咱们还一起呗！”平时“高冷”的“学霸”，居然也会有脸红的一面。

很显然，细细通过努力，得到了她想要的结果。

今年是他们在一起的第七年，两个人名校研究生毕业，准备结婚。

02

雪儿初入职场，什么都还没有学会，就喜欢上了公司的设计总监肖峰。肖峰高大又帅气，多金有涵养，是现实中的白马王子。

只是和童话不同的是，王子在现实中只喜欢“白富美”，看不见灰姑娘。

像雪儿这种小职员，就只有远观的分了。

雪儿深知现实的爱是讲究平等的，只有同他一样的优秀，才有资格站在他的身边。

雪儿从此努力赚钱，每周一、三、五晚上去图书馆，二、四晚上去舞蹈班，周末去上在职研究生的课程。一年下来，雪儿自信心大大地提升了，也越来越受部门总监的赏识。

年终会，每个部门都要出一个节目，雪儿毛遂自荐说自己可以跳舞。其实雪儿是有私心的，她就是想跳舞给肖峰看。

那段时间，雪儿疯狂且专注地练舞。

果然，年终会上她的一支独舞将现场气氛引到了高潮，她成为全场的焦点。

高层敬酒时，肖峰走到雪儿的面前，笑了笑，与她碰了一下杯。雪儿如踩上了云端，飘飘然的。终于有那么一刻他们并肩站在了一起。

后来，雪儿研究生顺利毕业，而部门总监准备跳槽，跳槽前总监向公司高层推荐了雪儿，高层也同意了。

她终于可以以一棵木棉的姿态，与肖峰并肩比邻了；终于可以在每周的高层例会上，坐在他的对面了；终于可以和他一起参加公司的学习、旅游了。

终于有一天，雪儿跟肖峰说：“我这么努力，这么拼命，就是要和你般配呀！”

03

我们很努力，很努力，不是为了有一天可以依附他人，而是为了有一天，遇到那个可以终老一生的人，不至于高攀也不

用感到卑微。

是努力，让爱情的距离更近。

你有你的精彩缤纷，我有我的繁花似锦。

各自枝繁叶茂，根却缠绕相依。

女人可以不美，但不能丢了姿态

只有爱自己才会忠于自己的想法，正视自己的需要，知道自己想成为怎样的人，想做什么事，你的梦想会很清晰，你也会坚持努力下去。

01

一天晚饭后，我给自己泡了一杯茶，趴在桌子上看茶叶在水中浮游，时而簇拥，时而翻卷，不停地折腾自己，好像急于找到那个适合的平衡点。

我丰富的想象力促使着我去“脑补”采茶的过程，这些茶产自哪些山，山上可有云雾缭绕的楼阁，是何人所采，是蓝衣素裹，还是飘逸白衫……

这时电话响了，打断了我宛入仙境的遐想。

“喂，你好！”我语气中夹杂着被打扰的不耐烦。

“喂，是晓木吗？”熟悉又甜美的声音。

“你是……”

“我是慧佳。”

“你……你是慧佳姐？”我瞬间蒙了。慧佳姐是我的贵人，在我最低谷的时候给了我很多帮助，让我感激不尽。

可自从慧佳姐嫁到外市，她就换了号码，我们从此便失联了。

“我明天要去你的城市出差，咱们见一面吧！费了九牛二虎之力才联系上你，多少年没见面了，我特别想你。”慧佳姐明显带着兴奋的语气。

“好的，你把时间告诉我，我明天去机场接你。”我生平第一次体会到高兴得红了眼眶是什么感觉。

在桃仙国际机场我们久别重逢，许久没有联系的我们一见面仍然很亲密，就像昨天才分开。真正的朋友永远是这种感觉。

但是说实话，当她拖着行李箱向我走来的时候，我差点没认出她，以前的慧佳姐鼻梁挺秀，杏眼黑白分明，是个小美人。可现在的慧佳姐比过去的她漂亮一百倍。当时我真的有一种被“电晕”的感觉。

她淡雅适宜的妆容，言谈浅笑的得体，展露出的知性温婉的气质，简直让我不能移开目光。

02

在餐厅，我迫不及待地问：“快快说来，是什么故事、什么经历滋润得你如此美丽呢？”我一连串地发问，慧佳哈哈大笑。

“晓木，我三年前离婚了，现在是单亲妈妈，有一个特别可爱的女儿。没有什么特别的故事和经历，如果说我的状态更好了，那是我懂得了爱自己！”我一脸惊愕，慧佳姐的脸上却是雨过天晴般的淡定与从容。

慧佳姐说，婚姻失败的初期，她是全世界最不懂得爱自己的人。站在市中心最繁华的街道，眯起眼睛，看来来往往的人群，心想这明明是阳光下的小城啊，为什么她却寒气入骨。

她每天都“作”得不得了，动不动就拿起剪刀“咔嚓”几下把头发剪了，用头撞墙，甚至往死里喝酒，喝到不省人事……丝毫不顾及内心崩溃的家人。

直到有一天，她最爱的奶奶去世了，她才一夜之间彻悟：“人得接受无常和变幻，遇到事就自我放弃和停止成长，那不是最让人瞧不起吗？”

刚开始一个人面对生活的时候，她很羡慕身边的朋友有老公照顾。有一次同事的老公给同事买了一块五万元的手表，她突然灵光闪现，没有人给自己买表，就在图书馆看五万元的书吧，比戴五万元的手表更有意义吧！

之后她便一头扎进书海，不可自拔，从书中获得了很多力量，不再害怕一个人，遇到问题学会从容面对，书是她的寄托，也扭转了她的命运，陪她走过最难的时光。

刚开始的日子虽然清苦，但彻悟后的她心情很好。每天把自己收拾得很漂亮，在外努力地工作，回家细心地照顾家人，重新找回了自信和自我。

她的日子一天比一天好，有了房，也有了车，还有了闲钱带家人去旅行……慧佳姐说到这轻轻一笑，散发着历经世事后的淡然。

送慧佳姐去公司分部报到，看着她挺拔纤细的背影，我突然明白了为什么现在的她身上有种别样的美，是嗜书的习惯让厄运转为成长，她温柔、文静的外表下藏着善良、坚定的心，她找到了“破茧成蝶”的礼物，最重要的是她懂得了爱自己。

03

有一次读者在后台问我：“什么样的生活最有价值？”我想到了慧佳姐的经历。

爱自己是一种清醒的生活方式。

它不仅仅表现在让自己吃饱穿暖，还让人学会接受一切，好的收下，坏的原谅，该放下的放下，找到成长的礼物，给自己一片自由的天空。

与不完美的人、事共存，把时间用在提升自我，看向更美的风景。

爱自己就是放手让自己成长。

朋友小白二十七岁那年成了全职太太，一岁女孩的妈妈，生活尽是柴米油盐。

有一天，老公表现出了对家庭状况的极度不满和抱怨，让她彻底颠覆了之前的计划——温柔贤惠、相夫教子，平静地过完一生。

她突然发现自己极不爱那个憋屈的，围着女儿和老公转的自己。

于是她调整了自己的状态。

她开始利用以前刷剧的时间，专注地学习自己一直热爱的摄影。接单，比赛，做自己的网站，写公众号。

一个很好的机会，她再次进入了职场，从最基础的岗位一路拼到了人力资源部的部长。虽然她取得了如此优异的成绩，但并没有因此而停止成长，而是不断突破自己的思维局限，线上线下不断地学习。

现在的小白有着自己的摄影课程，是职场精英也是网站热门作者，还写剧本……她妆容精致，热爱生活，假期喜欢晒晒自己和女儿的日常。

小白说："这是我二十九岁才明白的道理，于是我惊喜且意外地发现，原来爱自己可以活得如此不一样。"

敢于实践，敢于尝试，敢于突破，敢于改变自己。

将生活赐予我们的所有尴尬都用最从容的态度去化解，唯有真正做到爱自己才会突破局限。

爱自己就是忠于自己的内心并坚持下去。

为什么我们常常心情低落，常常充满戾气，为什么总是有负面的情绪？那是因为我们从来没有正视过自己，不知道自己需要的是什么。

所以我们发脾气、失落、抑郁、沮丧，皆是由于我们没有足够爱自己，无法满足自我。

好好和自己聊聊，到底需要什么？需要却没有什么？没有却想要什么？想要却得不到什么？得不到要努力去做些什么？

只有爱自己才会忠于自己的想法，正视自己的需要，知道自己想成为怎样的人，想做什么事，你的梦想会很清晰，你也会坚持努力下去。

每个人都要明白，自己是撑起自己的唯一，只有自己精彩起来，才能真正变得强大，活出自我，别人也才会欣赏你。只有你对自己的价值越来越明确，人生的动力才会越来越足，你才能由内而外地得到愉悦的舒展。

那些担心被抛弃的念头也永远不会落到你心头，你会收获很多羡慕的目光，这会让你更加自信。

真正的自爱的人，都懂得适时沉默

沉默的人，心中都有一片海。它能让海上日出的恬静与飓风的狂浪坦然共存，能让我们更专注于所爱，不必在乎外在的评价。

01

如今，大家似乎都偏爱能言善辩的人。而沉默寡言的人就不那么讨巧，在职场上显然不如前者受重视，会被冠上“无趣”之名，在生活中被认为没有情商。

而海明威却说：“我们用两年去学会说话，却用六十年来学会沉默。”

当我们为多说话而付出了代价的时候，就会懂得沉默自有其价值，是一种难能可贵的品质。

诚如王小波所说的：“我自己曾在沉默中学到了很多东西，

而这些东西是好的。”

沉默的人，心中都有一片海。

它能让海上日出的恬静与飓风的狂浪坦然共存，能让我们更专注于所爱，不必在乎外在的评价。

姐姐是一家司法机构的人事部负责人，她的部门要提拔新人，她暗中锁定了两个人选。

他们的工作业绩都很漂亮。A每天都工作到晚上九点才下班，是公司公认的“工作狂”。而B则是每天下午五点下班，从不加班。

很多人都向姐姐建议提拔A，现在公司只有他一个人可以做到“零加班费”，还毫无怨言地加班。

而姐姐却让众人大跌眼镜，提拔了B。很多人都对这个结果唏嘘不已。

我问她原因，姐姐说：“A、B两个人担任同样的职务，而A难得能在晚上九点以前离开办公室，B却总是能在下午五点左右下班。你不觉得很有问题吗？”

姐姐就“为什么不用加班”这个问题，特意问过B。

B说如果自己加班，楼下的保安就得被迫陪同加班，一起工作的同事也会倍感压力，家人更会等他等到很晚。

他说：“所以宁可沉默一点，做事更专注一些，提高工作效率。”

所以，沉默是一种时间管理。

少说话，多做事，工作一个小时相当于别人工作三个小时，即使不加班，又有哪个领导不喜欢呢?

这种沉默不是被迫，而是自己主动选择。

因为尊重自己和他人的时间，所以不参与。

因为尊重别人“处置自己的时间”的自由，所以做好自己的工作，不给别人添麻烦。

在知乎上曾看到这样一则报道：清华大学有一个零分贝实验室，在那里做过一个叫作“安静一日”的实验。研究者让不同的志愿者在里面工作。

结果显示，在绝对安静的环境下，那些被分配去工作的志愿者专注力显著提升，几乎没有人意识到时间的流逝，收集和分析信息的速度也会大大提高。

白天因沉默的尊重而高效，夜晚因白天的沉默而美好。

02

爱迪生发明了自动发报机后一直想卖掉这项发明，然后用卖掉的钱建一个新项目的实验室。

他不熟悉市场行情，不知道他的技术能卖多少钱，因为他的实验室至少要两万美元，爱迪生便一咬牙，决定要价两万美元。

当时的爱迪生已经是一位小有名气的发明家了。

美国一位商人听说这件事，愿意买下爱迪生的这项发明。在商谈时，这位商人问到价钱。

爱迪生一直沉默不语，因为他怕自己说出的话让对方感觉到自己的心急，导致发明卖不到两万美元。

他观察商人的姿势和动作，因为语言是人们有目的、有意识、刻意地发出的，而姿势和动作更多的却是无意识之中进行的。

所以这种观察所得到的信息，比听商人说出的话更为准确。

莫里斯说过："要成为一个善于辞令的人，只有一种方法，那就是表示你在聆听并沉默。"

当然沉默不是木讷，需不时地向对方送个眼神、点个头或微笑什么的，表示你正在听。

爱迪生通过观察，发现商人对他的沉默紧张不安，他判断商人对这项发明一定特别感兴趣，心里便有了底。

最后商人终于耐不住了，说："我先开个价吧，十万美元，怎么样？"

这个价格爱迪生当然非常满意，当场与商人拍板成交。这件事情让爱迪生真切地感受到，沉默的力量竟是如此之大。

很多谈判高手，都很懂得利用“沉默”这个工具。

当我们保持沉默时，对方由于不知道我们的底牌而感到压力。这时，他的意志将会受到动摇，甚至不战自溃。

现在很多运动员都在做一个训练，就是在比赛中如何在连续犯错误之后，迅速恢复清醒。

其实犯了第一个错误并不会导致太严重的后果，但接着会像湍急旋涡一样，第二个错误、第三个错误，甚至第四个错误会导致一系列灾难的后果，这就是比赛中的旋涡效应。

而心理上的掌控，是比赛输赢的关键。为了让对方无破绽可寻，保持沉默是可以反败为胜的。

所以，沉默是一种智慧的掩藏。

它是一种积蓄、酝酿，以等爆发的过程。就如同拉弓蓄力，

为的是箭射出时能铮铮有力，直达靶心。

所以，韩信用沉默应对胯下之辱；越王勾践用沉默卧薪尝胆；诸葛亮在市井隐居，静伺明主……

03

很多心理专家表示，在面对困境时，沉默是具有疗愈效果的。

人们在受伤的初期，任何外界的劝解都很难取得他们信任，无法让他们从痛苦中摆脱。

所以心理专家们呼吁，伤害初期最好的劝解就是不发出任何声音，保持倾听和陪伴，这样能让对方感觉更舒服，恢复得更快。

徐志摩在诗歌《再别康桥》中写道：

但我不能放歌，悄悄是别离的笙箫；夏虫也为我沉默，沉默是今晚的康桥！悄悄的我走了，正如我悄悄的来；我挥一挥衣袖，不带走一片云彩。

他用沉默疗愈自己离别的情伤。

《群山回唱》讲述了一对兄妹因贫穷和战争而经历了六十年的悲欢离合。哥哥阿卜杜拉用沉默去治愈自己与妹妹帕丽的骨肉分离之殇。

电影《穿普拉达的女魔头》中，米兰达对安迪欣赏的转折点是，她从刚开始做助理时的抱怨不止，到可以不说一个字、不露一点声色就把事情做到超出“女魔头”米兰达的预期。

安迪用沉默的行动来代替抱怨，缓解自己工作中的压力，如愿拿下自己心仪已久的offer。

和庾澄庆离婚之后的伊能静，刚开始无法面对婚姻瓦解后的空虚，找朋友整夜聊天，让闺蜜到家里睡，依然无法摆脱伤心。最后她决定用沉默直面困境，不发言、不回应，却收获了自由的灵魂。

所以，沉默是一种疗愈。

我所表达的沉默，不代表消极、沉闷、顺从、丧失主动性或与世隔绝。相反，它是一股专注的力量，用心走脚下的路，无暇顾及身边的热闹与喧嚣，不知不觉战胜一个又一个险境，从而领略别人无法欣赏到的风景。

04

纪伯伦说：“语言的波涛始终在我们的上面喧哗，而我们的深处永远是沉默的。”

那么上面的喧哗是什么？是得与失的计较，是追逐利与欲的哭笑，是自我的呻吟和咆哮。那么深处的沉默又是什么？是我们人生的核心。

人生最高级的核心就是丰富的沉默。

事实上，当我们处于完全沉默的状态时，我们的大脑却在高速运转，思想变得丰富了，它让我们更容易实现自我。

沉默，是因为摆脱了外界虚名的诱惑。丰富，是因为拥有了内在精神世界的宝藏。

我们在世上奔波，心情尽在红尘中起伏，能够走得稳、走得顺心，关键在于我们的精神世界里一定要有一个沉默又丰富的核心。

只有懂得了自爱，才有能力去爱

每一个人都应该先爱自己，对自己负责，照顾好自己，让自己活得自由，不应成为别人生活与精神上的负担，如此才是对自己也是对别人负责。

01

读者小文在公众号后台给我留言，看得我哭笑不得。

小文今年二十八岁，和男友已经同居两年了。她问过男友，三十岁之前是不是可以结婚，在这个问题上男友的回答总是含糊不清，让她很不安心。

她怀疑是男友的姐姐反对他们的婚事，因为他姐姐不止一次地和她说，要懂得人情世故、会说话、会办事，要锻炼自己各方面的能力，没有哪个婆家愿意接受一个什么都不会、什么都不懂的女孩做儿媳妇。

小文说，每一次听他姐姐说话她心里都感觉很堵，然后会和男友大吵一架，因为男友从来都帮他姐姐说话，从来不替她着想。

“虽然我什么都不会，但我活得很真实啊！如果他爱我，他会无条件接受我的一切，不是吗？”

“我该为了让他姐姐接纳我，而变成一个什么都会的女人吗？”

02

我猜她心里的答案一定和我想的不一样，但我无法违心地顺着她说，我觉得那样说反而是害了她。所以在回答她的问题时，我一下子谨慎起来。

看到她给我的这段留言，我的第一反应就是，小文是一个阅历尚浅、思想单纯的女孩子。

做为女孩，我们都曾被情歌歌词、浪漫小说、电视剧等植入了似是而非的爱情观念。

小文向往的就是成为言情小说里“傻白甜”的女主角，身边通常有一个深情款款、无所不能的男朋友。而在真实的成人世界里，你若期望有一份无条件包容的幸福，你得有让人无条件包容的实力才行。

像小文这样的女孩，她们总是把爱情视为生命的唯一，而忽略了自身的成长。我总觉得她们这样特别危险，一旦爱情发生变化，她们就会走入心理误区，容易出现心理问题。

03

小文放弃了工作，放弃了学习，也放弃了成长，她现在除了男朋友之外，什么都没有。也就是说在这段感情中，小文主动把自己应有的选择权和自主权全都交付出去了。

感情世界的游戏规则从来都不是把这些权利交出去就万事大吉了。别忘了，你放弃了自己的选择权和自主权，而对方却一直没放弃，对方此时还拥有着自己的选择权和自主权。等你们相处久了，对方发现你们不适合，你并不是他想象中的模样，他还是会离开的。

爱情是两个人的事，真的强求不得。

他们同居两年之后，男方对小文提出的结婚问题从来不做正面回应，到这个时候，小文难道还看不出来他是怎样的人吗？

在这段感情中，小文最大的问题就是没有好好爱自己，而是把所有的力量拱手让给了对方。她希望对方做她的大树，为她遮风挡雨。直到树倒了，自己受了苦，才后悔当初没有在发现问题的时候，及时止损，没有花时间去提高能力。

所有人在爱之前，一定要学会爱自己。

04

小文现在要想一些实际的问题，比如找一份工作，每天学习，为自己充电……

每一个人都应该先爱自己，对自己负责，照顾好自己，让自己活得自由，不应成为别人生活与精神上的负担，如此才是对自己也是对别人负责。

只有一个真正爱自己的人，才有能力去爱别人。所以，给自己一点时间，先好好爱自己再说。

第二章

不要仰望别人，你的人生刚刚好

所谓治愈，

不过是说，

放下自我批判和对过去错误的愧疚。

放下愧疚的心理模式，是提升能量的前提。

做最好的自己，你本不需要任何标签

生活中我们每个人都会被贴上各式各样的标签，你是怎样的人，由你身上的标签决定。

01

昨天一个写作群里因为稿酬问题闹得很厉害。原因是一位小姑娘受朋友之托找作者约稿子，这本来是一件好事，可是出版方报出的稿酬让群里的一些作者很不开心，觉得这是不尊重作者。

随后小姑娘说了一句话："现在都有人自己花钱出书了，少拿点稿费有人给你出书，不是很好的事情吗？"群里的人说什么的都有，虽然道理是对的，可说的场合不一样，听的人价值观也不一样，所以有很多人开始为此争论不休。

其中有一个人问这个小姑娘写过什么书，她说自己学历不高，写了十年才有了点成绩。那个人就说了一句："现在的写作平台真是什么人都能写。"

然后那人在群里发了自己的一篇文章，第一句话就亮出自己的博士身份，还有某卫视合作评论员、资深军事评论员等一系列标签。

这个举动让群里人很不舒服，觉得浅薄的不是这位小姑娘，而是这位博士。于是有人留言："感觉一个人说话的水平与他的名头不相符,《素书》上说'名不符实者耗'，耗尽的时候，就是走下坡路的时候。"

我们通过这位博士的举动可以看出他的内心是多么匮乏，多么需要别人的夸赞和认同。

02

小美二十七岁了，还没有男朋友，七大姑八大姨都很热衷于给她介绍对象，她也很乐意接受。她常说："不错过任何相亲的机会，万一和谁有眼缘呢！”可是这种相亲的场合去得多了，见过形色不一的人之后，她觉得自己的相亲史都可以写成一本书了。

让她最难忘的是姑姑给她介绍的一位白领。

据小美描述，这个白领男，肤白长腿，金丝眼镜，一副温文尔雅的模样，在众多相亲对象中他是最耀眼的。

小美一下子就相中了他的外表，在他们眼神碰撞的一瞬间，她恨不得连他们将来的孩子叫什么都想好了。他有着充满磁性的声音和得体的谈吐，小美在听他说话时幻想着他随后会和她聊聊工作、家庭、爱好……就算是这么静静地羞涩地看着彼此，对她来说也是很好的享受。再以后就是约会，见双方家长，步入美好的婚姻。

一个猝不及防，小美还没有从幻想中缓过神来，白领男就已递上自己的名片，然后滔滔不绝地讲着自己从前在大学是学生会主席，现在在工作中很得领导赏识，目前是经理，努力的目标是总经理等等风光无限的历程和美好的畅想。

小美一下子愣了，这根本就不像相亲，而像一场面试，小美一下子就没有了交谈的兴致。

小美吐槽说：“这白领男是多么肤浅，多么没有情趣，多么没底气，才会在相亲这种场合递名片。跟我说这些有用吗，我又不是他的天使投资人。”

大家都被小美噘嘴的小表情逗得哈哈大笑。

小美生气道：“亏你们还笑得出来，好不容易出现了一个让人有交往欲望的人，却这般木讷无趣，简直令我生无可恋。”

小美的闺蜜却说：“这个细节恰恰说明他其实很在意你。他亮出他的底牌，未必是没底气，恰恰相反，他觉得这才是他所有的底气。他把自己最好的一面展现出来，只是求关注而已，就看你的想法了。”

小美说这种“标签式”的自我介绍，她真的没有办法接受。

其实无论在什么场合，我们都希望给别人留下好印象，尤其是异性之间，这种想法本身无可厚非。可是这种做法让人感觉很世俗，也很难让人留下美好的印象。

标签中的优势并非你生活的全部，那只是你在某个阶段的成绩而已，并不足以支撑你的人生啊！

03

后来小美遇到了她现在的男朋友，认识了好久之后，我们才知道他是一个海归，家庭背景不俗。不过这些他从来都不会主动提起，我们问他为什么不愿意提及自己的优势时，他说：**“生活中我们每个人都会被贴上各式各样的标签，你是怎样的人，由你身上的标签决定。被贴过标签的你就像被物化的商品，摆在货架上等着需要的人来购买。但是我们不是商品，不该被标签束缚。”**

他将贴标签看作人际交往的障碍，那些喜欢给人贴标签的人只会用套路，乏味极了。

各种各样的标签像有色眼镜，让我们无法看到别人真实的一面。

我们不希望别人给我们贴上的标签影响到我们的生活和人

际交往，因为这些标签会让别人忽视我们身上的其他优点和可能性。

要知道，撕下层层标签后，剩下的才是你的真材实料。所以，评价一个人，不要看他的标签，而是看撕下标签后他的真实水准。

真正决定你价值的，并不是你过去拥有的辉煌标签，而是撕下标签后你真正的实力。阅人无数的老江湖，自然可以轻易看穿谁是虚张声势，谁又是低调有内涵。

真正的成熟，是敢于秀出最真实的自己。

也许，真正的天才凤毛麟角，绝大多数所谓的天才，其实都是善于专注的专才。关注自身潜力，专注做好每件小事，就是我们这些普通人快速成长的唯一途径。

希望终有一天，我们不再需要任何外在装饰物，不需要一身名牌，也不需要递名片。

做最好的自己，就是我们最耀眼的标签。

真正的强者，都是包容别人的

贬低别人以抬高自己的人大抵都是在社会中缺乏存在感的人，迫切需要得到重视却总被忽视的他们只好剑走偏锋，通过贬低别人来体现自己的价值。

01

今天去医院看望一位同学，他告诉我他的同病房病友也是他同学。

那个人看见我大大方方地打了声招呼：“你好，我是 ×× 的大学同学。”

我忙说：“你好，你可比他年轻多了。”

结果他说：“不过我是全日制本科生，他是自考生，他学习基础不怎么好。”

这话怎么听着就这么别扭呢！

我真有点替他难过，一句话就让别人窥见了他内心贫瘠的格局，顿时我对他好感全无。

替他尴尬的同时，我出于礼貌小小地迎合了他的心理：“你学习可真不错，考上那所大学都是‘学霸’级别的了。”

这一夸不要紧，他反而变本加厉地夸赞自己了。

“你知道我们学校当时的录取分数线和大连理工的差多少分吗？”

我笑着摇摇头。

“23分！我离大连理工分数线只差了23分，你同学可差了230分不止啊，他的学习底子真不敢恭维。”

看他得瑟的表情，我感觉再附和他，他就没完没了了。之后他再说什么，我就装作很忙的样子，低头不语看手机了。

为了掩饰自己苍白空洞的内心，他通过贬低别人来抬高自己，突出自己的优越感，反而让别人一眼就看透了他的匮乏。

02

我曾经在一个微信群里看到过一段聊天记录，两个人应该是初次聊天。

甲：“你家孩子多大了？”

乙：“五岁半。”

甲：“都这么大了，参加什么兴趣班没有？”

乙：“都是我一个人带孩子，没参加兴趣班。”

甲发一大堆惊恐的表情：“什么？这么大的孩子都没有学跳舞、画画、乐器什么的吗？最少也要报两个兴趣班呀！”

乙：“我家老公太辛苦了，一个人养着四位老人和宝宝，实在是条件不允许。”

甲开始不停地发自己的育儿经，还把孩子学习钢琴、练跆拳道、跳拉丁舞时的照片抛出来，有意无意地说孩子一年学习的费用就是六位数，老师多有名，孩子所在的幼儿园在全国排前几。

后来有一个人实在听不下去了，发了一堆表情将甲发的消息全部盖下去了。

甲这么说是为了乙和她的孩子着想吗？当乙提及自己一个人带孩子，家庭条件不允许时，但凡有教养的人都不会把这个话题继续下去。

甲无疑是自私、自大、缺乏教养的。换言之，她的存在感需求比较强烈。这类人从来都不是活给自己看的，而是通过他人羡慕的表情和言语来获得存在感。

03

在什么情况下容易出现“贬低别人来抬高自己”的言行？

女伴比自己漂亮，比自己会打扮，更受男性朋友的喜欢；同事比自己能力更强，更受领导器重，有很大的可能会晋升；对面的烧饼店比自家的烤肉店生意更兴隆，赚得更多……

年长的训斥年轻的，领导使唤小职员，正式员工看不上临时工，衣着光鲜的人瞧不起打扮寒酸的人……因为别人比自己更有优势而缺少优越感，于是就通过一些令人作呕的贬低别人的言行，来占据社交的有利地位。

通过贬低别人来抬高自己的人都有一个通病：习惯性否定别人说的话，别人的都是不好的，都是不对的。什么都是自己的好，只有自己是对的，唯我独尊以彰显自己掌控一切的优越感。

她今天会告诉你她的包花了多少钱，要比谁谁的贵；明天又会告诉你，她家的孩子有多厉害，谁家的孩子怎么怎么笨；哪个牌子的东西好用又高端，谁谁完全不懂品牌……反正他们家的草比别人家的花还美！

贬低别人以抬高自己的人大抵都是在社会中缺乏存在感的人，迫切需要得到重视却总被忽视的他们只好剑走偏锋，通过贬低别人来体现自己的价值。

他们实在是压抑太久，太渴望被认可了。

04

在马斯洛需求层次理论中，最高层次的需求就是自我实现。所以，一些能力不够的人就会通过贬低他人来实现这一层次的需求。

同事娜娜是那种无论说什么、做什么都给自己留几秒钟思考时间的女孩。她会站在别人的角度看问题，善于替别人着想，总是考虑自己的言行会不会给别人带来不好的感受和影响。

娜娜单位有一个大姐是条件不太好的临时工，每一次单位订餐，娜娜总是第一个问大姐想吃什么？

她从来不在别人的短处停留，而是多夸赞别人的长处和优点，每个人都特别喜欢她、尊重她，觉得她是我们身边的情商高手。

她没有贬低任何人，却大大地提高了自己在社交中的分量，大家都愿意和她做朋友。

想要实现最高需求即自我实现，就要强化自己的优势，尊重每一个人，如此坚持下去，你不用多说一句话，也能获得所在圈子的尊重。

努力做好自己，懂得把别人放在心上。这才是真正的抬高自己，最终实现自己最高层次的需求。

装得出的情商，装不出的教养

真正的教养，不仅仅是谦恭有礼，心中有他人。

01

“教养”是个老生常谈的话题。

纵观现在写“教养”的文章，大多是社交技巧和方法论，比如不要在公共场合大声说话，不要麻烦别人，不要随便评价别人，不要嘲讽别人……

初看没有什么问题，但我在细致研读之后，却发现此类文章舍本逐末、华而无实。

有人说教养和学历有关。

我见过所谓“文化人”，斥责农民工不该坐公交，只是因为嫌弃他们脏；衣冠楚楚的白领训斥流浪汉，说他们不应该到餐厅与他们一同吃饭……

我心里很佩服那些文化程度不高，但是很有教养的人。而那些嫌弃农民工的所谓“文化人”，我很想对他们说，没有农民工，怎么会有高楼林立的城市，怎么会有干净整洁的街道，怎么会有装修精美的家？

流浪汉也许只是身体肮脏，衣冠楚楚的白领不仅不为他们提供任何帮助，还在大庭广众之下训斥他们，显出了他内心的肮脏，脏了曾经学习的文化。

教养和学历无关！

02

有人说教养和财富有关。

一天，我和同事从领导的办公室里出来，发现同事的工位上坐着一位五十多岁的阿姨，还在桌子上铺了大棉被，有个小孩子坐在桌子上玩。同事被领导交代了急活儿，可她看到这一幕并没有说什么，就在旁边站着，不时逗逗小孩。

这位阿姨占了工作人员的座位，对别人的善意无动于衷不说（毕竟人家是需要办公的，正常情况下发现自己坐了工作人员的位置不应该是回到客户专区的座位吗），还一个劲儿地和我同事说："你看，你快看，我大外孙女多漂亮。"同事只好随声附和。

更滑稽的是，这位阿姨让外孙女管我同事叫"姥姥"。我同事是一个还未结婚的"90后"，听完顿时被气得眼圈都红了。阿姨的女儿赶忙说："妈，人家比我还小，最多叫阿姨。"这位阿姨满不在乎地说："叫啥不都一样，不就是一个称呼。"

我和同事当时就蒙了，不知道说什么好，第一次遇见这种人。

我看这位阿姨穿着几万块的貂皮，戴着近十万的名表，金手链、金项链一样也不少，在我们这个十八线的小城市，也算是"非富即贵"的人物啊。

女儿和外孙女都在旁边，阿姨这样不尊重别人，是不是长辈最大的失职呢！

教养和财富无关！

03

有人说教养和情商有关。

小雨和男朋友终于走到谈婚论嫁这一步，见过男方家长之后，小雨竟然果断分手了。我觉得非常可惜，毕竟两个人相处了三四年了。

小雨的男朋友是一个温柔体贴的人，和小雨出去吃饭永远都是他买单，小雨和他争，他说哪有让女孩花钱的道理。无论小雨有什么事，他都是车接车送，说话永远和风细雨，从未听他说过一句指责或抱怨的话，一副“三好”男友的模样。

我们埋怨小雨：“这么好的人，你还要和他分手，你到底想找什么样的男朋友？”

后来小雨和我说，她休假后随男朋友回了老家，第一次见他父母的时候，发现男朋友在家里和在外面简直不像一个人，在外边他对人彬彬有礼，但回家以后，他见到父母，就像见到了仇人一样。

他妈做菜，有一点不合口味，他马上就说："你做了一辈子的饭菜，放多少盐心里还没数吗？"说着就要拉小雨要到外面去吃，小雨忙解围说："我挺爱吃的呀！"

他妈妈让他开车去市中心买点东西，他脸色不悦，当时就站起来瞪了妈妈一眼。妈妈和小雨说："哎呀！我真是后悔死了，让他去干吗？楼下就是4路，我坐几站就到了。"

后来他爸看不惯，说了他几句，他立刻站在门口用手指着他爸，用犀利的言辞顶了回去。

虽然他对小雨依然周到体贴，但小雨依然和他分手了，觉得他不是可托付终身的人。我现在很理解并支持小雨的决定。

我爸就曾对我说：以后找对象，一定要记得先去看看他如何和他父母相处。

如果他对父母恭敬温顺，那以后必会对你疼爱有加；如果他对父母呼来喝去，不懂感恩，那以后必会同样对你。

因为，所有的爱情最终都会变成亲情。而那时，他和父母的互动模式，必会转移到你身上。

我以亲身的经历证明，我爸说得太对了！

如果一个人内心是病态的、粗鄙的、扭曲的，无论他情商多高，多么精心地打造表面的一切，他都会在亲密关系中露出破绽。

有一次，我陪一个同学去办事，我在车里等她的时候睡着了。不知睡了多久，我恍惚听到身边有动静。我回头一看，同学正轻轻地敲着车窗，我赶紧开门，问她："为什么不敲得大声一点呢？"她说："你睡着了，我怕声音大了，吓着你。"她是一个不善言辞的姑娘，听她这么说我心里却暖暖的，不经意间体会到了"教养"的魅力。几年过去了，这件事我一直记忆犹新。

真正体现你教养的，不是你在公开的场合如何长袖善舞，不是你在爱人面前如何体贴入微、妙语连珠，不是你在陌生人面前如何滴水不漏地展现高情商，而是体现在你的一言一行、一举一动的细节之中。

04

装得出的情商，装不出的教养。

俞敏洪说：“教养是什么？教养就是当你走到一群人中间，你的行为恰当得体，让人感到礼貌和愉悦。”

菲茨杰拉德在《了不起的盖茨比》里写道：“在我年纪还轻、阅历尚浅的那些年里，父亲曾经给过我一句忠告，直到今天，这句话仍在我心间萦绕。‘每当你想批评别人的时候，’他对我说，‘要记住，这世上并不是所有人，都有你拥有的那些优势。’”

赵列文曾对曾国藩说：“合众人之私，以成一人之公。”其实本意就是你想影响别人，就需要考虑如何使他人受益。而有教养的人往往能从利他的角度出发思考问题，站得高，看得远，能容天下之事。一个人装的是自己还是他人，这个不看说什么，而是看怎么做。大众的眼睛是雪亮的，是非公道也自在人心。

究竟什么是教养?

待人接物周到齐全；做好自己的本职工作，有责任心，不随意给别人留烂摊子；知道别人的伤疤而不揭露；说话留三分余地……但这些教养都是表面的，一个人完全有可能将这些技巧性的东西都学会之后，依然心存鄙视地看待他人。

真正的教养，不仅仅是谦恭有礼，心中有他人。

是不在成功时恃才傲物，也不在失意时自暴自弃；是能在复杂的环境中遵从自己的内心，不迷失自己，不趋炎附势，不人云亦云；是不论发生什么事情，都有自己所坚持的原则和底线；是有着自己的人生目标，特立独行且正确地前进。

接纳自己，是对生命最大的温柔

接纳自己，不仅仅是接纳那个表面的自己，更要认识那个藏在黑暗角落里不肯抬头的自己。因为只有认识了全部的自己，你才能在面对事情的时候，趋利避害，做出最好的选择。

01

前段时间我报了一个培训班，课程的内容温暖、治愈，让我想起了二十几岁的时候，那是段极度偏执的“悲催时光”。

虽然把自己的痛苦说出来很难受，就像撕掉痂，可我还是要以自己为反面教材，告诉身边的朋友，接受自己的“不完美”是多么重要！

我出生在农村，父母有三个孩子。小时候每天放学，班里的男同学就追着我喊：“超生游击队，超生游击队！”我当时没有反击，也没有说话，眼圈都憋红了，感觉羞愧难当。生平第一次埋怨父母：“为什么生三个孩子，让我受这份屈辱？”

后来我到大城市去求学，每次和别人谈到家庭，我都带着深深的自卑，心里想：同学们一定瞧不起我了！我甚至都不敢谈恋爱，因为怕对方嫌弃我的家庭，不再喜欢我了。

别笑，我当时真的是在这种偏执和自卑的笼罩下走过来的。

02

工作以后，我进了金融圈，身边人的条件都不错，我为了让同事瞧得起，犯了一个至今都感到后悔的错误——我隐匿了自己真实的家庭情况。

我想这以后我也许就不那么自卑了，我也许会快乐一点儿。

我因为自卑总觉得自己是不值得被爱的人，恋爱时从不考虑自己的感受，一味地付出，以为这样对方就会更珍惜我，我就感觉很幸运了。

事实恰恰相反，撒谎之后的我内心感觉更痛苦了。活得不真实，这个世界上没有比这更可悲、更愚蠢的事了。说谎后之后，自己时常会感到不安，生怕一时疏忽就会暴露隐藏已久的秘密，最后把自己搞得身心俱疲。

更可怕的是，一个说谎的人很难对自己产生好感，如果自己对自己都没有好感，那么不管做什么，都很难坚持下去。我们的所言、所行、所想都会像回力棒一样，最后回到自己身上。如果你骗人，你就一定会被别人骗。

像黛比·福特在《接纳不完美的自己》这本书里说过的："其实每个人都有不完美的地方，于是，我们不惜代价，竭力装成人人喜欢的好人，活得很累。"

为此我也吃尽了苦头，在感情的路上，我遇到的都是不爱我的人和欺骗我的人。

同事们在知道我的家庭情况以后，不仅没有瞧不起我，还处处帮助我，让我至今都心怀感激，这个经历变成了一个很温暖的故事。但我知道，信任已被我破坏，我主动和好友说出自己的虚荣和自卑，花了很久的时间才慢慢挽回了我们之间的关系。

我现在可以很从容地向朋友袒露自己真实的内心了。

小时候我过于敏感，因别人的一句“超生游击队”而埋下了一颗自卑的种子。由于长期对自己的出身感到自卑，心里充满了纠结、痛苦与偏执。在这种不爱自己、不接纳自己的情绪下，我吸引的都是不爱自己的人。

所以我一路的坎坷和艰辛都是必然的，现在通过学习，我明白了这个道理：我必须为自己的人生负全责。

03

如果我们不希望失去别人对自己的信任，立志成为正直、善良的人，那么千万不要虚伪地活着。越是愚蠢的人，就越容易伪装。

我们伪装是想掩饰我们内心的自卑与恐惧，我们惧怕亮出“真实”的自己后不被爱或无法成功。我们用谎言来掩饰真相，而掩饰的结果是，恐惧增加。我们只能选择再次说谎，掩饰我们更深的恐惧。一次又一次，这样做就会导致恶性循环，为了圆谎而继续说谎。可是，我们总有内心不堪重负的那一天，因为我们活得很虚伪，时刻感到不快乐、不真实。

要打破这种局面，唯有保持沉静的内心，永远用真实的一面来面对这个世界，真正地接纳自己，一点一点地拾回我们内心的纯净。

接纳自己，不仅仅是接纳那个表面的自己，更要认识那个藏在黑暗角落里不肯抬头的自己。因为只有认识了全部的自己，你才能在面对事情的时候，趋利避害，做出最好的选择。其实我们每个人都是不完美的，都有或多或少的小瑕疵。

相信我，爱自己，永远用真实面对一切，接受自己的一切，你才会拥有由内而外散发的“好感觉”，拥有顺遂的人生。

感谢那段黑暗的日子，让我深深体会到了光明磊落带给我的踏实、顺心与美好。

看见自己，是改变的开始

大到宇宙星系，小到颗粒尘埃，任何事物都有规律可循。在职场中如果你能运用逻辑找到事物背后的规律，你就拥有了战胜对手的核心竞争力。

算了一算，我已经在中国银行工作了十四年的时间了，自己都吓了一跳。回想这十四年的职业生涯，我真的禁不住要感慨一番，中行给我的不仅仅是一份工作，还让我有足够的机会去实践、学习和成长。

从最初的银行柜员到中后台的清算、授权，许多人觉得这是机械的、琐碎的岗位，但在我看来这份工作无时无刻不是挑战，也是在这段时间我锻炼出了让自己受益匪浅的“慎微缜密”的工作习惯。

后来，我又负责公务卡项目，平时的工作多是面对公务卡条线的客户，根据他们的需要提供相应的服务。通过这一步的跨越，我的视野得到了极大的拓宽，懂得看问题要注意全面性、综合性和整体性，个人的业务能力得到了有力的锻炼。

由于我兼管着新员工培训和校园招聘的工作，有机会接触很多刚走出校门的学生。很多学生对银行的工作都存在着一定的误解，认为这份工作是一眼望到头、按图索骥的工作，或仅仅是把最基本的工作程序重复N年……

我透过学生的反应，看到了他们另一面的职场需求——成长。

如何从职场小白，迅速成长为职场达人呢？作为工作了十四年的老员工，结合自己的经验，我有了一些浅显的看法：

1.简单工作里的成长

新人刚进入职场时，大多会被分配去处理简单工作。

如果只是把它视为一份工作，那你就错过了很多。大部分工作，即便是简单的工作，也能让你学到若干项技能，有些属于通用技能，有些属于专业技术。

要有拆解工作的意识，把一项简单工作拆成若干个细小的步骤，从每个细小步骤中，看到其中的技能点。

列出这些技能，找个时间把每个技能的入门技巧粗粗地过一遍。不用求多，不用求精，把每个技能中最关键的技巧和理念学到，就能把工作水平整体提高一个层面。

经过几次锻炼，你就会发现自己收获了很多，也有很多不足。业务和学习能力就在这些反复的锻炼中发生了质变。

2.时刻练习有效的沟通

在工作中我们经常遇到客户经理在做工作汇报时滔滔不绝，信息量极其丰富，却不知所云的情况。

举一个例子，比如银行部门经理向总经理汇报业务时说："我们单位所处的地理位置不好，客户分布不集中，宣传弱于对手，产品销售业绩不佳……"后来总经理实在忍不住问部门经理："你到底想要说什么呢？"

换一种表达："总经理，为了提升公司的产品销量，我申请加大产品宣传投入，将客户份额提升10%……"然后再分别阐述一下从哪些资源投入，为什么要这么做以及如何做。

这种高效的沟通既有力，也节约了双方的时间。

3. 恒久不变的工作态度

我见证了太多职场人的成功，他们依靠的就是这样的工作态度：坚持把每一件事情做到极致。我们无法预计结果，但可以把握经过。

荀子《劝学》中说：“不积跬步，无以至千里；不积小流，无以成江海。”

你看到别人成功总觉得是一夜之间发生的，却不知他只不过是努力地把每一件事做到极致，等到机会来临，所有的能量喷薄而出。

就像毛竹，在最初的五年里，几乎没有任何成长的迹象，但只要五年一过，它就像被施了魔法一样迅速生长。

毛竹快速生长，完全依赖着它的根系，它前五年看似毫无变化，实际上是把时间全部用来深深地扎根，最终创造了属于自己的奇迹。

所以现在最应该做的就是默默积累自己的能量，不管结果是什么，先把自己能够做到的部分做到极致，这个用心沉淀的过程终会在未来的某个时刻给你带来惊喜。

大到宇宙星系，小到颗粒尘埃，任何事物都有规律可循。在职场中如果你能运用逻辑找到事物背后的规律，你就拥有了战胜对手的核心竞争力。

古典老师说“心理学常说，看见是改变的开始”，我要加一句，“行动可以让改变抵达”。

让我们一起行动，加速成长为更好的自己！

不抱怨的人，怎样都好看

好的坏的都是自己选择的路，真正的成熟，是心怀感恩地风雨兼程。抱怨只是向别人展示了自己的无能与无奈。

你是什么人便会遇上什么人；你是什么人便会选择什么人。总是挂在嘴上的人生，就是你的人生，人总是很容易被自己说出的话所催眠。我多怕你挂在嘴上的许多抱怨，将会成为你所有的人生。

——竹久梦二《出帆》

01

在我们身边，各种抱怨总是声不绝耳。

我那么尽职，凭什么老板只提拔他？偏心，愚昧！

我那么美，还比不过她这种姿色平平的人？荒唐，眼瞎！

这些情绪大家都不陌生吧？这些决堤而出的负面能量，这些不好的心态，在我们身边如影随形般存在着。

李笑来老师在《彻底戒掉你的抱怨》里说："抱怨，是无能和无奈的表现。当我们遇到麻烦，做事不顺利的时候，能解决就解决，解决不了就承受，这才是正确的态度，抱怨有什么用呢？没有用，因为它只能用来向别人展示自己的无能和无奈而已。"

李笑来老师又说："抱怨，在我看来，就是这个世界里最强的负能量。它会让一个人变得令人讨厌、令人厌倦；它会让一个人失去挣扎的能力，失去承受的坚韧……抱怨的害处并不仅仅在于浪费时间，也不仅仅在于那样会暴露自己的无能，它真正的害处在于，它会让你不由自主地放弃挣扎……"

既然抱怨有如此多的坏处，我们为什么不戒掉它呢？

《不抱怨的世界》里给出了答案，原来抱怨如此契合大众的心理！

五大好处：

寻求关注。我们抱怨，往往是出于我们对别人关注的需求，我们想不出更加积极的能吸引人关注的方法。情侣之间的抱怨常常如此。

推卸责任。这类人之所以抱怨，是因为他觉得自己没有能力让事情变好。

引人艳羡。这类人抱怨是为了自夸。抱怨“我的上司很蠢”，其潜台词是“我比他聪明，如果我管事情，工作会做得更好”。

操纵力。抱怨是获得操纵力的有效方式。特别是在竞选中，为了得到权力，常常通过搞臭竞争对手，使选民投票给自己。

为欠佳的表现找借口。

抱怨于我就是单纯的情感宣泄，没有想办法解决问题，而是选择痛苦的祥林嫂似的哀号。

抱怨之后才发现，我经常陷入恶性循环：诱因—抱怨—心情舒畅—诱因—再抱怨—再心情舒畅—诱因—又抱怨—又心情舒畅……

02

教给我这一课的，是使我有了极大改变的文秀姐姐。

在我怨天尤人的那段时间里，一个偶然的机会，我认识了美丽的文秀姐姐。

虽然我们相差二十岁，但是不妨碍我们成为彼此生命中那个“懂得”的人。

她是一家医院的护士，在女儿三岁时做了单亲妈妈。

虽然前夫没有出过一分钱抚养费，但是她依靠自己的努力，咬牙坚持，坚强地挨过了最煎熬的十六年。她从来没有在女儿面前哭过。唯一的落泪，是女儿考上了中央财经大学，对她表示感谢时。

她在跟我说这些艰辛的时候，显得云淡风轻，对前夫没有一丝一毫的怨恨，总说他也不容易。对自己含辛茹苦、独自抚养孩子没有任何的怨怼，更多的还是感恩。感恩老天赐予她如此美好的孩子；感恩自己在多次感觉撑不下去的时候，有贵人的相助。她总说自己很幸运。

我也是和她认识之后，才真正放下了心中那些抱怨。

荀子说过：“自知者不怨人，知命者不怨天；怨人者穷，怨天者无志。”

好的坏的都是自己选择的路，真正的成熟，是心怀感恩地风雨兼程。抱怨只是向别人展示了自己的无能与无奈。

就像文秀姐姐，不抱怨并不是基于内心的骄傲，或是怕别人瞧不起，而是基于对自己能力的肯定和内心的坚韧。

是她教会了我，如果抱怨是毒，那么感恩就是药；如果抱怨是剑，那么感恩就是鞘。

人生在世，不如意事十之八九，如果你总是把不好的事情归咎于别人，归咎于命运，你永远被抱怨缠身，那么你永远不会开心快乐。遇到不好的事情时，找到可以感恩的地方，你会跳出抱怨，把生命看清楚。

03

小鱼离婚以后，发现做单亲妈妈也没有什么可怕的，反而又找到了生活的方向，忙着工作、学习、旅行、陪女儿长大，她很辛苦，但她的快乐在于她能行，并且做到了。

她再也不会刻意企盼某个人来爱她，而是专注于让自己活得漂亮。

即使在买了房子之后，经济上一度拮据，她也没有对身边的人抱怨过半句，只是在金钱上更加自律，强迫自己精打细算，更加努力地工作。她告诉自己，照顾好自己和女儿的身体，不能生病，以免祸不单行。

当困难太重，自己的左肩扛不住时，就换右肩继续扛。

她和我说，她只哭过一次，是和女儿去一个非常偏僻的游乐园玩，出来的时候已经没有公交车了，出租车也很少。她和女儿站在路边等了一个多小时，女儿小脸冻得通红地说："妈妈，我冷！"

她把自己的大衣给女儿穿上的时候，自己是流着眼泪的，第一次如此真实地体会到无助，她流泪不是因为自己太冷，而是因为她恨自己没能照顾好女儿。

小鱼没有抱怨，没有让消极的情绪打击她的“玻璃心”。她和我说，很神奇的是，她居然很感恩自己和孩子可以顺利回家，感恩女儿没有感冒……当小鱼在日记本里写下一串的“感恩”时，她感受到了自己的转变与成长。

不抱怨，感恩前行，让我们成为自己的太阳，晒掉了艰辛和悲伤，那些我坚持的东西，一定会成为我身上的光！

有一种自爱是“管住自己的嘴巴”

无论是在职场还是在生活中，管住嘴巴绝对是一种了不起的能力，这样的人不随波逐流，不屈服于外界的压力，有一种风景看透还坚持细水长流的自律和格局。

01

传说仓颉造字的当晚，有鬼哭泣——文字里藏有被泄漏的天机。

文字之于笔墨为生的人，就是一场通今博古的艺术设计。字、词、段之间的组合，在搭配时，多少能体会到一些神秘，并表现出智慧。

比如聪明的“聪”字，“聪”字左边有个耳朵，右边是个“总”字，总是用耳朵听为“聪”。“明”字是一日一月组成，在甲骨文中以日、月发光表示通透洞明。所以聪明的玄机就是要有世事洞明的本事，也要有润物无声的本领。

这个和我以前理解的聪明简直南辕北辙。年轻的时候，总觉得那种无理也能辩三分的巧辩之人是聪明人。在羽翼渐丰的世界里，拥有这些技巧便有了天高海阔的本事。

可是愚笨如我，多年后才发现，真正的聪明，其实是管住嘴巴。静默是一种力量，它会让你避免绕很多弯。

02

能管住嘴巴，是一种能力。

我们在职场都明白有三种人升职最快。一是可以为公司带来效益的人；二是足够强大，可以为公司遮风挡雨的人；三是业务精湛话又少，让公司踏实放心的人。

虽然第三类人没有第一、二类人耀眼，但这一类人有一个特点，他们不多言语，擅长埋头苦干，能顺利、高效地完成自己的工作，很得领导的信任。

在职场中，那些夸夸其谈，一副雄心万丈、舍我其谁的样子的人，其实是很容易栽跟斗的。无论你是什么背景、什么学历，话太多，往往显示出自己的浅薄，正应了那句古话，“一壶水不响，半壶水叮当”。

我的一位HR（人力资源管理）姐姐说：“职场中能说会道的人我看多了，做了‘一’却向我邀功‘十’的人，实在看不惯，我就是喜欢提拔业务精湛、不多言语的人。”

有一次她们公司的副总因为业务上的事情和老总闹翻而被人诬告，姐姐负责处理这件事。

调查组成立的时候，那位副总的下属为了讨好老总，表明立场，都来姐姐这里诋毁副总。

墙倒众人推，调查的时候大家都说这位副总的坏话，姐姐与这位副总共事多年，对他还是有所了解的，混迹职场多年，她怎么会不懂这些人极力诋毁人背后的原因。

只有一个人，她什么也没有说，姐姐找她调查情况的时候，对于别人诋毁的那些话，她说她不知道。为了考验她，调查组找了她三次，她都没有多说一句话。

姐姐对她的印象很深，暗中留意她，发现她的业务能力很强，还是单位会计核算的精英，很多人搞不定的图表，她都能一眼看出毛病，后来有一个很好的机会，姐姐推荐了她。

姐姐说，**无论是在职场还是在生活中，管住嘴巴绝对是一种了不起的能力，这样的人不随波逐流，不屈服于外界的压力，有一种风景看透还坚持细水长流的自律和格局。**

03

能否管住嘴巴，考验的是人性。

“舌上有龙泉，杀人不见血。”

当今社会，凡是有聚会的地方，便有是非。参加聚会的人带了一袋袋闲话回家，而不同的人便有不同的处理方式。

有的人，回家之后第一件事就是一把火把它烧个精光，跟听之前没有两样，管住自己的嘴巴。

有的人，回家之后迫不及待地打开袋子，从头到尾好好温习一番，把它们存入记忆库，待合适场合，告与他人。

有的人，会把闲话拿出来字字斟酌，然后添油加醋，之后很快把这份“加工产品”分享给认识或不认识的人。

而有的人呢，会立刻拎着这袋闲话，当作极为珍贵的“礼物”送给它的主角。尽管制造这袋闲话时他也加了不少“料”，但当“礼物”送出去的时候，他就摇身一变，变成置身事外、打抱不平之人。

接受“礼物”的人，倘若智慧不足，照单全收，就会与他的“敌人”奋力抗战，进入痛苦的深渊。然而他可能永远都不明白，他最大的敌人，其实就是“送礼的人”。

所以，说是非者，必是是非人！

04

大家有没有发现在社交场合，那些最受欢迎的人往往很少说话而善于倾听。

吴宗宪曾说蔡康永受欢迎最大的原因，是作为访谈类主持人，他懂得在适时的倾听、留白。而蔡康永听到后很感动，大呼："吴宗宪懂我。"

我曾经是一个管不住嘴巴的人，其他的就是藏不住秘密，尤其是关于自己的事。典型的喋喋不休，讲话不经脑就直接脱口而出。

还是近几年，经历了几回哭笑不得的以讹传讹，受了一些教训，也学着闭上嘴巴。

其实说到底还是像季羡林大师所说的"假话全不讲，真话不全讲"，该闭嘴时就闭嘴，该说话时也要想想再说。

发自于心，收之于心。

很多年以后，因管不住嘴巴而走过的弯路，依旧让我念念不忘。不是事情本身，而是我终于知道，自己像一张白纸，总是需要时间来慢慢着墨。我终于明白，真正聪明自爱的人，都会管住自己的嘴巴。

别人肯定喜欢我

当你相信别人是喜欢自己的，你的言语会不自觉地变得真诚、亲切，你的举止就会显得自然，从而有利于消除别人的戒备。

01

“别人肯定喜欢我”讲的是一种自我心理攻略。

我在2014年参加了心理咨询师考试，如何区分一般心理问题和严重心理问题，如何界定是心理问题还是精神问题，如何制定个人心理咨询方案，如今我不翻笔记已经没有一点思路了。

可唯独对于老师讲的“别人一定喜欢我”这种心理暗示法，我记忆犹新。

在与人接触的时候，为了更自然地表达自己，我们可以用上这个心理暗示法。

因为在“别人一定喜欢我”这种心理暗示下，我们的行动自然、大方、热情……这种情绪会感染对方，从而使双方的交往同频共振，轻松自然。这也不失为一种拓展朋友圈的好方法。

这篇文章的灵感，源于我的一位同事H。

她拥有很多客户资源，且与每一位客户的关系都很融洽。

我们大家都很好奇，为什么如此普通的她，在与人打交道的方面那么神通广大。

有一次我们吃饭，我借机向她讨教秘诀。H毫无保留地与我分享她的人际经验，她说：“每一天上班的开始，我都告诉我自己，每天与客户接触，他们‘一定很喜欢我’。”

乍一听，我觉得H很狂妄自大，但细细琢磨，她说的真是很有道理。当你相信别人是喜欢自己的，你的言语会不自觉地变得真诚、亲切，你的举止会显得自然，从而有利于消除别人的戒备。别人也许就会真的很喜欢你。

02

《通知》这本书中说："你要想象一下理想中的自己是什么样子的，然后针对自己的每个领域都找出一句核心的话来暗示自己。记住，多给自己暗示，频率就会调整过来，状态会越来越好。"

在心理学中，"自我暗示法"也是咨询师们治疗时使用的一种很重要的手段。

它直接影响人们的言论和行为。"别人一定喜欢我！"这句话更多时候不是说给别人听的，而是对自己说的，这种积极正面的自我暗示往往能够帮助个体完成一项比较困难的社交任务。

相反，如果一个人在未做之前就胆怯，往往会对自己说："怎么办？我不行的，真的不行！大家都不喜欢我！"这样90%会以失败告终！自我暗示的力量很强大，所以正确使用自我暗示真的可以影响和改变自己的生活！

报道中说，运动员也常常用这种心理暗示进行赛前心理调整。很多运动员在比赛前与比赛中会由于压力过大而高度紧张，最终不能很好地发挥实力。因此，心理暗示法对运动员进行自我调节、自我控制训练有重要的意义。它能帮助运动员在比赛中充分发挥自己的实力，赢得比赛。

自我暗示能够实现自我调节，可以自我控制思考的内容，引发积极的情绪，消除紧张、慌乱的情绪，使人进入最佳的状态。

H真是聪明人呐！人人都希望别人喜欢自己，她巧妙地运用心理暗示，可以让“别人肯定喜欢我”发挥良性循环的作用，身边人随时会感到她的“好感觉”在传递！

第三章

你那么美，千万别说『我不配』

当你真的用全部的努力和信心，

去拥抱梦想和希望，

不畏惧失败和坎坷，

所有的美好都会为你而来。

你活出自己喜欢的样子，美得会发光

生活中有很多东西都是浮云，但努力是你自己的。我们总要努力，活成自己喜欢的样子，才不辜负生活。

01

前段时间，初中同学聚会，我见到了好久没有联系的珍榛。那种虽然十几年没联系却像昨天才分开的熟悉感，让我们喜极而泣。

时光倒回初中，我们两个人还是同桌，每天都像连体婴儿般腻在一起，形影不离。

周末放假不是她到我家写作业，就是我到她家一起玩耍。我永远记得那个午后，阳光透过窗户，洒进屋子，微风透过衣服柔抚肌肤，我和珍榛光着脚丫躺在沙发上，一边听朴树的歌，一边吃木瓜。

那是一段肆意却很美好的时光。

初中毕业那年，因为父亲的工作有变动，她转学了。那会儿不像现在，每个人都有一部自己的手机，渐渐地我们就失去了联系。

这些年，我一直很想很想她，我曾无数次在社交网站搜过她的名字，希望可以联系到她。在我心里，珍榛一直是我最要好的朋友，那是一段无论什么时候想起，都会让我红了眼眶的友谊。

这次聚会，最大的惊喜就是我们的重逢。相邻而坐的我们互相讲述着分开这些年的经历，以及毕业后从事的工作。我们眼泪汪汪地听着彼此的过往，哭泣皆是因为开心。

上学的时候，珍榛就和我分享梦想，她喜欢文学和艺术，她的梦想很简单，“我以后要坚持活出自己喜欢的样子”。她一直是个有主见的姑娘。

天知道我当时听完有多么羡慕她，因为我连梦想是什么都还不知道。父母让我干什么，我就干什么，让我学什么，我就学什么，哪怕自己不喜欢、不乐意，我也不会拒绝。

初中时候的珍榛就展露出了她的艺术天赋，每天都给我唱好多让人陶醉的歌曲，她告诉我："一定要学英文歌，当别人都唱中文歌的时候，你唱一首英文歌，这显得很酷。"

我听完这句话对她崇拜得无以复加。那天的她眼神笃定，脸上有光。

她有一本笔记本，里面写了很多稚嫩却美好的小诗，让我看到了她不俗的文字功底与不凡的脑洞。

珍榛就是那样的姑娘，不管多少岁，不泯然众人，不淹没于人群，微笑、自信、勇敢地活出自己喜欢的模样。

02

然而不是所有的家长都认可孩子的梦想的，当初她报考大学的时候，想选传媒类专业，家里炸开了锅，坚决不同意。

爸爸十分反对："学传媒，你要当主持人吗？你这是很危险的想法，那么多学生，有出息的就那么几个，竞争太激烈了，不靠谱。”

妈妈点头表示同意爸爸的话：“珍榛，妈妈知道你有很好的文学功底，可学那些缥缈的东西有什么用啊，现在找工作不容易，还是听我们的，去学理科，以后出来好找工作。”

无论珍榛说什么，家里都不同意她报传媒类专业。无奈之下，她和父母协议，她去北京学习企业管理。

珍榛对我说：“其实那个时候我想通了，企业管理也行，并没有什么不好，毕竟我将来想当老板，那企业管理这个专业是有利于我的梦想的。”

听起来似乎也有道理。

上了大学后，她认真上课，课余时间也没闲着，去北京大大小小的电台打杂，虽然没有一分钱报酬。

她说：“我那个时候也没资格要报酬，纯粹就是为了梦想，观察他们的流程、运作、沟通……我真的学到了很多，其实这就是给我最好的报酬了。”

03

刚毕业的时候，父母劝她找一份安稳的工作，比如考公务员，然后找一个差不多的男朋友结婚生子过一生。

珍榛说：“一想到那种按图索骥、一眼望到头的生活，我就难受极了，我喜欢变化，喜欢自由，喜欢未知。”

为此她和父母认认真真地谈了一次，她说，未来的路想要一个人好好走，选择自己想要的人生，而且她会为自己的人生负责。

这次，珍榛的父母虽然没有赞成，但也没有反对。她成了“北漂”大军中的一员。

一个很好的机会，她去了一个著名的电台实习。后来改行做了编导，也是那两年，珍榛赚到了人生的第一桶金。

如今她已经有了自己的文化公司，可以和各大电台合作。

我问她的公司有多少人，她说不到十个，现在并不想扩大规模，心急吃不了热豆腐，急功近利反而会做不好。

她现在是想要做好口碑，至于规模，她想再耐心做几年，等到自己有足够经验了，再扩大规模也不迟。

这就是珍榛，坚持自己的节奏。我永远记得她说过的一句话：“生活中有很多东西都是浮云，但努力是你自己的。我们总要努力，活成自己喜欢的样子，才不辜负生活。”

04

其实有很多姑娘并不知道自己要什么，喜欢什么样的生活，总是迎合别人眼中的完美来安排自己的人生。她们甚至会选择和不那么爱但条件不错的男人结婚。在我看来这才是最大的风险，因为不喜欢，所以也少了快乐。

而有些姑娘，无论身处何种境况，她们从不忽视自己内心真实的声音，一步步踏实地努力，埋头耕耘，不问收获，在岁月的剪影里，从容地活出自己的欢喜和独特。

命运偏爱努力不懈又执着奋进的人，珍榛真的活成了自己最喜欢的样子，每天都激情澎湃地工作和生活。

其实，生活对每个人来说都是一样的，不一样的是你的选

择。努力决定了你的生活，心怀梦想砥砺前行，才会让自己变得足够强大，那是自己喜欢的样子，美得会发光。

你只要知道，努力向前走，向着自己喜欢的方向走，就不会错。因为你活出自己喜欢的样子，美得会发光。

被需要也是一种能力

适度而正确地撒娇，真的是人际关系的润滑剂。它不直接对抗，以柔克刚，避免正面交锋。

01

我为什么不喜欢撒娇？

曾在微信朋友圈看到这样一句话：“撒娇就是一种示弱，它不断缩小自己，放大别人，让别人感觉自己被依赖、被需要。”

我一直认为撒娇是风情，是一时的妥协，长久的关系不能只依靠撒娇。所以我从来没有尝试过撒娇，回想了一下自己已见皱纹的面庞，我的撒娇竟无迹可寻。

朋友给我看过教女人如何撒娇的书，内容都是如何利用撒娇让男人立刻缴械投降。起初我误会了，以为写的是教人自我成长的经典套路。

后来我觉得内容越来越离谱，这不是在说笑，书中教给读者的就是那种叫人看了不禁会发笑的扭捏姿态。

比如：什么时候要梨花带雨？什么时候要呆萌装傻？什么时候要抓住对方，晃动身体？什么时候要嗲声嗲气……

我心想，这技能也太难掌握了。稍有不慎，撒娇就变成了尴尬和笑话。

我不是演员，也没有演技，请允许我给此书一句评论：害人不浅！

我有一个女同学，夸张到什么程度呢？她在我们班男同学面前永远是一副娇嗔、懵懂的状态：“帮帮我好不好，好不好吗？”“怎么办啊？”

回到寝室，就切换回正常的东北的口音：“咋滴啦？”“这旮旯的是啥玩意呀？”听得我很别扭。

太做作，太虚，太假，也太累。

爱撒娇的女人动不动就说：“人家不会嘛！”“人家力气小

嘛！”“人家……”利用撒娇来逃避工作，撒娇的背后就是没有实力，就是懒，就是投机取巧。

这些经历让我一度对“撒娇”这个词很厌恶，无法产生好感。这种矫揉造作，打死我也学不来。

02

撒娇是人际关系的润滑剂。

由厌恶撒娇到认为撒娇是一种能力，我经历了两件事。

记得有一回，单位突然降工资，我们几个人在前台分析原因。一位领导来办业务，看见我们在聊天，很不高兴地说：“怎么还聚堆聊天呢？”我们当时心里很不舒服，觉得自己把手上的活都干完了，又没有客户，说几句话又有什么不妥呢？

这时我们中的一位同事，用撒娇的口气说：“领导，怎么办啊，我们的工资又降了，我们都上火呢！”领导也听说降工资的事了，马上加入了我们聊天的队伍，说：“哎，你们都说说降了多少啊？”

……

一天，一个女孩儿来办业务，正好接到了男朋友的电话，她的声音又甜又软：“我不要你请吃饭，我请你吃饭，你最近那么忙都没有时间陪我，我花钱请你陪我，好不好？”

作为一个女人，听到这段话，我的心都酥了！男孩如果不赴约，天打雷劈。

在知乎上看过这样一则笑话：

老婆说：“老公，我爱你。”

老公：“又想买什么？”

老婆继续说：“老公，我爱你。”

老公：“看来不便宜。”

老婆继续说：“老公，我爱你！”

老公无奈地回答：“好，买吧！”

这就是撒娇的软实力。

原来，适度而正确地撒娇，真的是人际关系的润滑剂。它不直

接对抗，以柔克刚，避免正面交锋。这是一种攻其软肋的机智啊！

03

撒娇是一种疗愈。

在某一期的《奇葩说》里，李挺说了一句话：“一个人真撒娇的状态是把他们身上的盔甲都卸下来，把内心那个不想长大的小孩放出去。”

这句话说得太对，让我差点落泪，顿时有大彻大悟的感觉，这才是我寻找的撒娇的真谛呀！

说得太好了，虽然我们长大了，但我们的内心却永远住着一个不想长大的小孩。撒娇就是我们在有足够安全感的时候，卸下盔甲，把自己内心那个不想长大的小孩放出去。

有些童年的记忆，会潜移默化地影响我们的一生。父母的一次打骂，一场噩梦般的考试，被同学孤立……这些被淡化的童年创伤，就是我们内心的小孩不想长大的原因。

我们也许会对某件事特别敏感，或总是陷入某种悲伤，这就是那个不想长大的小孩在闹情绪。

当我们通过撒娇的方式，把不想长大的小孩放出去，当我们有足够的成熟去安抚、疼惜这个不想长大的小孩，治愈就实现了。所以在撒娇后，我们的负面情绪就会神奇地消失，这就是治愈，没有任何秘密。

04

我为什么又爱上了撒娇？

一天晚上，我坐在沙发上看书。女儿写完作业，乐呵呵地跑过来，用小胳膊搂着我的腰，我很困惑，她这是要干什么？因为弄得我很痒，我刚想推开她，忽然一下子反应过来，小女孩在跟我撒娇呢！

为什么突然跟我撒娇呢？因为她一直想要的那件礼物，我晚上买给她了，她感受到了妈妈的爱。

女儿的脸上是幸福又满足的表情，她那股孩子的纯真，无忧无虑的，只是单纯想表达“妈妈你真好”的撒娇，让我的心瞬间融化了。我是拼了命才压制住问女儿还想买什么的冲动。

为什么都说男人喜欢撒娇的女人？我瞬间懂了。

再推而广之，人是需要撒娇的。小的时候是最天真的状态，向父母撒娇，向疼爱自己的长辈撒娇，随时随地，想撒娇就撒娇；长大了就只向最亲近的人撒娇，也不难理解为什么热恋中的情侣愿意称呼彼此“贱贱”，因为我见过你卸下盔甲，纯真无邪的样子；老了会向子女撒娇，不是说“老返小”吗，人老了也会在子女面前特别执拗，这也是返老还童的一种表现吧。

不管你是在父母、爱人、子女面前恣意撒娇，还是你的子女、爱人、父母可以在你面前撒娇，都是无比难得和幸福的。

我们撒娇，不为野心，不为成功，仅仅是为了让自己觉得幸福快乐，让身边爱我们的人幸福快乐，这就足够了。

真正爱你的人，不会让你低到尘埃里

聊天时，是彼此的知音；得意时，是彼此的吹牛对象；生气时，是彼此的出气筒；困难时，是彼此的导师；痛苦时，是彼此的心理医生；生病时，是彼此最尽心的护理；老去时，是彼此无法替代的拐仗；而平时，各干各的，保持适度距离。

如此，才不枉费此生做了一场夫妻。

01

昨晚看了一部韩国电影叫《回家的路》，很感动。

电影开场就声明这是一部根据真实事件改编的电影。妻子和丈夫经营着一家汽修厂，有一个漂亮乖巧的女儿，衣食无忧，幸福美满。

命运突然出现转折，他们的朋友因无法偿还债务而自杀，丈夫是这两亿元债务的担保人，根据协议，他得代其偿还。

夫妻俩卖掉苦心经营多年的汽修厂和房子，却是杯水车薪。穷途末路之时，他们求助一位有钱的朋友，朋友开出的条件是让他们帮忙运原石到法国。

运原石是幌子，那个朋友实际上是个毒贩子，想利用他们着急赚钱的心理，帮他运毒。蒙在鼓里的妻子在机场取行李时，被早已得到消息的警察盯上，一到法国机场就被捉拿，警察在她的行李中搜出大量的海洛因，妻子锒铛入狱。

由于语言不通，妻子只能任由法国警方一次又一次地各种羁押，在远离韩国的马提尼克岛女子监狱服刑。其间的经历简直是人间炼狱，那种极度的绝望，一度让我无法呼吸。

丈夫为了还妻子清白，中间历经各种艰难险阻，他却从未放弃。

因人为的失误，这个案子一拖再拖。终于在两年后，整个韩国被丈夫的坚持感动，电视台曝光了这个案件。在舆论的压力下，在全国网民的强烈声讨下，在各种好心人的帮助下，妻子的案件得以审理，冤情得以昭雪。

电影结束的时候，也对真实事件里的主人公的命运的结局做了圆满的交代。

为这部电影所流的眼泪，不仅仅是心痛，更多的是感动。都说“夫妻本是同林鸟，大难临头各自飞”，而剧中的妻子知道丈夫瞒着她犯了一个足以让他们穷苦一辈子的错误时，有过极度的怨恨，有过激烈的争吵，却从没有想过离开，而是选择和他一起面对。

为了还妻子清白，丈夫根本不顾及自己的生死。为了找到证人，他跟踪黑社会；为了挣钱，他干高危的临时工；他去找政府理论，被警察羁押，被暴打的过程让在场的人都不忍直视……

他无惧，是因为他有着一个信念，就是让妻子回家。

夫妻是什么？

是从今天开始相互拥有、相互扶持，无论是好是坏，是富裕还是贫穷，是疾病还是健康，都彼此相爱、珍惜，直到死亡。

02

近日宇哥的老婆晓敏在微信晒出一组庆生照：“生日快乐！我最重要的人，不能忘记的人，不想忘记的人。”照片里的宇哥紧搂妻子，与平时的不苟言笑不同，他的脸上洋溢着幸福的笑容。

亲近的朋友都知道，宇哥曾患过中重度抑郁症，最严重的那些年，他一分钱没挣不说，家里还倒贴了七十多万。

而妻子晓敏一句话都没有埋怨，一直陪在宇哥身边。

现在，宇哥通过自己的努力，不仅挣回了10倍的70万，更重要的是，他和晓敏都明白了彼此的心意，懂得了爱情的真谛。

喜欢这对夫妻，他们携手走过人生的寒冬，并肩迎接生活的春光，不离不弃。

最近，综艺节目《亲爱的客栈》很火，而刘涛、王珂夫妇再次圈粉无数。

很多人都知道，他们这般恩爱的背后也有着长达数年的残酷考验。

2008年金融危机，王珂经营失误导致公司破产，之后，他经历了好友反目、亲信背叛，人生陷入绝境。

那时的报纸、网络上都是铺天盖地的新闻——“刘涛嫁入了伪豪门”。所有人都在等着刘涛痛斥被骗，离婚。

也正是在那段时间里王珂抑郁最严重，经常胡言乱语、脾气暴躁，从一个翩翩富家公子，变成了病人，和刘涛过着几乎“零交流”的生活。

刘涛就是刘涛，在最艰难的时候，她选择生下第二个孩子，这代表着，她不会走，她要把这个男人从深渊里拉出来。

刘涛说当时她心里只有一个念想，就是要保住他，保住这个完整的家，名利、财富都可以不要，只要两个人能在一起，重修幸福。

经历了艰难的生死考验之后，王珂终获重生。

夫妻是什么？

是“血肉同盟”，是荣辱与共，是患难见真情。

是你赢，我陪你君临天下；你输，我陪你东山再起。

03

我的一位同学，她老公三十岁得了脑溢血，她待老公病情稳定，果断与他离婚，要了房子，带走了儿子。邻里亲戚都唏嘘不已，公公婆婆骂她无情无义。

她抱怨前夫现在智商只有三岁，流着口水与儿子争吃的，而一条腿与一只胳膊都不听使唤，她一分钟也不想伺候他。

前夫的父母，在本应享天伦之乐的年龄，要去照顾一个妻离子散的病儿子，心酸的程度可想而知。

后来他的父母听说北京某医院有治疗成功的案例，老两口毫不犹豫地把房子卖了，带儿子去北京治疗了一年半，再回来他已病愈如初了。

她前夫和朋友一起做起了互联网，挣钱后做的第一件事情，就是给父母买了一栋比之前大三倍的房子。

我的同学听说了这些情况后，就找中间人以“孩子需要完整的家庭”为由，希望复合。

而她前夫，只是把儿子接回来住，连正眼都没有再瞧过她。

显而易见，他们不够资格做夫妻。

夫妻是什么?

是深深地爱一个人。

不仅是与对方建立千丝万缕的联系，还借此与对方建立没有血缘关系的亲情。

如果爱得不深，那么两个人之间的联系就是十分薄弱的，始终进入不了对方的世界，是局外人。

两个人越是爱得深刻和丰富，夫妻越有分量。

04

周国平说：“爱情不是人生一个凝固的点，而是一条流动的河。这条河中也许有壮观的激流，但也必然会有平缓的流程；也许有明显的主航道，但是也可能会有支流和暗流。除此之外，天上的云彩和两岸的景物会在河面上映出倒影，晚来的风会在河面上吹起涟漪，打起浪花。”

夫妻之间都信奉“平平淡淡才是真”，日复一日是柴米油盐、做饭洗衣，这是夫妻的平缓。

两个人共同教育孩子，共同赡养老人，一同抵抗风雨，一起惬意前行，这是夫妻的主航道。

夫妻之间有时会有所游离，但那时支配你的不是夫妻之间的爱，而是欲望，这是夫妻之间的支流和暗流。

夫妻之间更像是一次长谈，杂以争辩。能够彼此交谈，才能互相成全。不争不辩的，不能保鲜，这是夫妻之间的“白云”和“浪花”。

聊天时，是彼此的知音；得意时，是彼此的吹牛对象；生气时，是彼此的出气筒；困难时，是彼此的导师；痛苦时，是彼此的心理医生；生病时，是彼此最尽心的护理；老去时，是彼此无法替代的拐杖；而平时，各干各的，保持适度距离。

如此，才不枉费此生做了一场夫妻。

认真对待自己的人，活得都不差

当我开始真正爱自己，我不再牺牲自己的自由时间，不再去勾画什么美好的明天。今天我只做有趣的事、快乐的事、让心欢喜的事，用我的方式，以我的韵律，过自己热爱的生活。

01

春节去青岛，途中认识了一位新朋友，她叫蓝墨。因为都赶在春节假期出去玩，所以我们一路结伴而行。

这一年是蓝墨的“间隔年”。

蓝墨以前一直在三线城市当化学老师，为了到大城市去圆梦，她毅然决然地选择了辞职，做了“北漂”，因此，她的妈妈近半年都没理她。

她满怀热情地来到了陌生的城市，和很多年轻人一样，这里是她梦想的起点，最初的看到的一切都让她感到新奇。

然而追梦的历程并不如她想象中那么顺利，她最初的几份工作是在饭店做服务员、发传单、帮别人摆地摊、做群演、卖啤酒……只要能挣钱，她啥活都干，真的吃了不少苦。

她租的地下室里没有电视，没有电脑，她唯一的娱乐活动就是看书，一看就是几个小时。看书已经成为她一天里最大的慰藉。

三年过去了，蓝墨开始做起了保险业务员，从发传单开始做起。她每天拖着疲惫的身体到处去推销，遭尽了白眼。说到这些，蓝墨的眼圈有些泛红。

虽然很累，但她每个月拿到的工资是与自己的努力成正比的，签的单越多，拿的提成越多。

这个时候，我问她："你后悔过吗？你放弃了稳定，活得这么累，你真心喜欢这样的生活吗，不觉得孤独吗？"

她想了一想说："那是我的选择，我就是这样一个人，觉得人活着啊，总有一些事是要亲自体验的，无论好坏，都是我主动选择的，而这种可以自由选择的人生才是我想要的。我不甘心一辈子就这样被安排，于是离开了父母的庇护，至今漂泊异乡。我喜欢敢于不断尝试新事物的我。虽然有点穷，但我正在体验着未知的生活，这才是最酷的。”

02

她凭着自己的努力，渐渐地积累了自己的客户，每个月她的销售业绩都是第一。公司给她转正并升职了，她终于不用忍受风吹日晒了。日子比以前过得舒坦多了。

就在她事业蒸蒸日上之际，她却选择了辞职，说是要给自己一个“间隔年”，身边有很多朋友劝她：“日子好不容易稳定了，怎么又折腾？”

我也很疑惑：“在底层吃了这么多年的苦，终于在向往的城市站住了脚，怎么就辞职了？”

蓝墨说：“现在生活压力很大，忙碌的时候，早起晚归，在高楼里吃着盒饭，眼里都是数据，蔚蓝的天空都没有时间好好瞧瞧，总之有着各种不快乐。我真的不喜欢这种生活，这也不是我所追求的。”

“这就是你选择‘间隔年’的原因？你可以休假啊，出去休息几天，回来再战，很多人都是这么减压的！”

“我喜欢断了自己的后路，这样我才能去拼尽全力地思考我的价值和精神归宿。以前我向往灯红酒绿，现在又向往青山绿水、大漠孤烟。我用文字和照片记录我的感悟，我没有白来这人间。我喜欢这样的我，这才是真实的我！”蓝墨看着窗外，淡淡地说。

我想起了一部动画片，《疯狂动物城》里兔朱迪的爸爸妈妈特别害怕她出去闯荡，希望她过安稳的生活。他们对兔朱迪说：“你看我们现在过得这么幸福安稳，这是我们放弃了梦想的结果。”

兔朱迪的父母像大多数父母一样知足常乐，同时希望子女也可以这样生活，“不尝试新的事物，就绝不会失败”。

兔朱迪没有听父母的话，怀着无限的憧憬来到动物城任职，然而，动物城的小伙伴们并没有把“可爱”的兔朱迪放在眼里。局长的刁难，老江湖狐狸尼克的欺骗，开罚单不被市民理解，好不容易抓个贼，还被以擅离职守引发公众恐慌为由，被顶头上司批评，甚至差点丢掉工作。

但是，这些挫折并未打倒她，她反而更加用心地工作，用一次次的行动去证明自己。

就像蓝墨，刚“北漂”时，是那么忠于梦想，面对种种困难与艰辛，她始终保持内心的纯净，工作再累，生活再艰苦，她也没放弃读书，丰富自己的生活。

困难和苦累并没有让她退却一分。

涉世越深，蓝墨越想审视自己的选择。面对越来越大的压力，越来越激烈的社会竞争，她没有向安逸妥协，而是做出了忠于内心的选择。

03

我曾经在报纸上看到这样一段话：“没有一次经历会白费，没有一声叹息不留下回响。即便走遍千山万水，也要保持能力重回故乡。”

我们多久没有独立思考，关心自己的感受和想法了？我们多久没有取悦一下自己了，哪怕去休一个假?

当我真正开始爱自己，我才认识到，所有的痛苦的折磨，都只是提醒我：活着，不要违背自己的本心。

爱自己，无论这个世界流行什么，我依然只唱我喜欢的歌。

只有等你想明白，人生才算真的开始

一边总结一边调整，我们需要给自己时间去成长，当你终于明白自己想要什么的时候，你就会找到前行的路。

01

现在很少再有人谈梦想，觉得它太奢侈了，可在如今这个崇尚梦想的社会，如果心里没有梦想，还真让人焦虑。

世上有两种人，一种人从小就知道自己以后要干什么，明白自己要去哪儿，知道自己要走什么样的路，这种人特别幸福。我有一位好朋友，他从小学一年级开始学画画，不到二十岁就有出版社找他出画册，现在已经过上了自己喜欢的生活。

另一种人就比较辛苦，比如我，每一步都是后面有人推着走，根本不知道自己要什么。看别人考上了公务员，活得安稳体面，自己也想去报名；看到视频里有个人电脑知识好厉害，就暗下决心也要掌握这些电脑知识；看辩论赛觉得高手说得好有道理，又想开始学哲学……拼命地去收藏，拼命地去下载，电脑内存一扩再扩，文件夹新建了一个又一个。可望着这些学习资料，我心里依然是无尽的空虚与迷茫。

一直懵懵懂懂地往前走，哪有光亮就去哪儿，这种人特别辛苦，特别无奈，一辈子左顾右盼，终归是流于表面。

02

朋友娜娜是一位化妆师，刚开始学化妆时她很感兴趣，人聪明，而且又有天赋，很快就学有所成了。等她步入社会，才发现化妆师的工作相当辛苦，刚入行的她工资也少得可怜。

娜娜很后悔当初的选择，一边抱怨命运不公，一边羡慕那些拥有一份体面的工作，拿着丰厚薪水的同学们。渐渐地，她对化妆也没有了热情，每天都在琢磨如何改行，幻想着可以自己做老板。

就这样，她举棋不定地工作了几天，时间匆匆而过。她别的不会，本职工作也干得一塌糊涂。她也试着联系了几家公司，却都铩羽而归。那段时间她总找我聊天，心情很苦闷。

直到有一天，一件小事改变了她的态度。

她回老家的时候，有两户人家都在挖井。其中一户选择好一处地基，就在那里坚持不懈地挖，而另一户则是到处选地基，这边挖几米，那边挖几米。第一户人家早早地就挖出水来，另一户人家则是忙活了好久也没有挖出一滴水。

娜娜说，那一瞬间她突然醒悟了，心猛地震颤了一下——多么简单的道理啊！想要早一点挖到水，就选择好一处地基，坚持不懈地挖下去。

她终于锁定了自己的“地基”，就是化妆。怀着很大的激情，她开始继续深入学习，什么脸型适合什么妆容，日系、韩系、欧美系、复古妆……她踏踏实实地钻研着，充分发挥着自己的天赋，很快就成了远近闻名的化妆师，很多人指名娜娜化妆，行业内有很多公司也纷纷来“挖”她，或者找她讲课，付她高额的讲师费。如今，她已经有了自己的工作室，专门和顶级的摄影棚合作。

当你真的用全部的努力和信心去拥抱梦想和希冀，不畏惧失败和泥泞，所有的美好都会为你而来。

所以，一味地去羡慕别人，还不如多在自己的优势上下功夫。

有句话是这样说的：“如果你知道自己要去哪里，全世界都会让你为你让路。”一边总结一边调整，我们需要给自己时间去成长，当你终于明白自己想要什么的时候，你就会找到前行的路。

你的形象里藏着你的品质

一道美食，一部电影，一幅名画，一个生活细节都会展现自己的风格和精神气质。而这些东西归根结底是出自我们对自己的爱与欣赏。

01

打扮自己真的很有乐趣，至少别人可以从我们爱打扮自己这个习惯看出，我们是爱自己的人。

自己的身材属于什么类型，适合哪种风格的服饰，休闲、优雅，还是知性、浪漫，如何利用衣饰扬长避短；研究自己的性格，自己身上带有哪种气质，给别人什么感觉；自己属于哪个季节型肤色，穿什么颜色的衣服最显皮肤白皙……

我就是这样热衷于研究自己，也渐渐找到了自己的风格。多年来我在穿衣搭配上一直坚持两个习惯。

第一个习惯，我的电脑里存着海量的明星街拍照片，她们的穿衣风格全是我喜欢且适合我的。对于她们打扮中的小细节，我更是熟记于心。自己在逛街的时候，如果看到类似的款式，我都要试一试，成功率真的很高。因为每位明星的背后，都有强大的造型设计团队，模仿她们就像免费享受了设计团队的服务，何乐而不为呢?

第二个习惯，我会给自己的每套衣服起名字。这让我感觉自己的每一套衣服都有了自己的能量。

有一次我在公司食堂吃饭的时候，身穿一件橙色的羊绒大衣配黑裤、黑靴，一位同事说我的衣着让人眼前一亮。于是我就给这套衣服取名为“眼前一亮”，每一次穿它，我都想象它会有眼前一亮的效果，结果真的有许多人对这套衣服赞赏有加。我坚信这是“眼前一亮”这个词流溢出的让人感到自信、美丽的能量。

我把黑色A型大衣配灰黑色围巾，深绿色打底裤配同色系短靴，然后给这套衣服取名为“文艺的姑娘”。每一次穿这套衣服，我都感觉自己文艺气息十足，愣是把自己美得不行。

一件蓝灰格子衬衫配一条牛仔裤，我给它取名为“大学生”，我穿上它显得很年轻，感觉自己很有活力。说来也怪，好多人看我穿这身衣服也都说我像个学生。

我有一条灰色连体裤，叫作“最安全的宝贝”，因为它是我最满意的衣服，无论我化妆与否，发型如何，穿上它我都觉得自己很美。它已经为我服务六年了，我却一年比一年爱它。

还有“岁月静好”“凯特王妃”“办公室女神”“青春圆舞曲”“有一种优雅叫休闲”……

我的每套衣服都有特色，给它们起名字更是给自己一个心理暗示，这样我想要穿出自己的风格和感觉就不是那么难了。

02

即使我是个沉默的人，服装也会把我的品味、性格、气质展现给别人，它真的与我息息相关。

我穿的不是高档服装，但我依然可以花心思，让自己利用手里仅有的服饰，穿出用钱都买不到的品位和气质。

钱可以买到衣服，却买不到风格。

为了穿出风格，首先要了解自己的气质。而这种发现离不开平时对自己的关心。只有了解自己的特质，才能穿出适合自己的独有的风格。

服装、造型都很好，却总是弯着腰走路，看到这样的人，我总是替他可惜。

如果喜欢简洁的衣饰，我们可以在一些单品上增加时尚感，比如鞋子、包、眼镜等。**一个不欣赏自己的人，对自己的衣服也会缺少欣赏的眼光，他们只会在品牌和档次上投资。**虽然服装的款式和面料都很好，但整体却没有亮点。这样的人也极少考虑为新衣配置饰品，其结果就是花了很多钱却穿得很一般，没有自己的特点。

一道美食，一部电影，一幅名画，一个生活细节都会展现自己的风格和精神气质。而这些东西归根结底是出自我们对自己的

爱与欣赏。

一个人对自己形象的关注程度，反映了他是否热爱生活、热爱自己。从头到脚，所有细节综合起来，基本上就可以判断他是一个怎样的人。

我们可以利用休息的时间，加深对自己内心的了解，去寻找灵感，我有几个方法，可以参考一下：

1. 经常到美术馆或博物馆逛逛，或者常看看艺术类书籍。

2. 就算不买名牌，也要到名牌橱窗前看一会儿，因为大师总有过人之处。

3. 读时装杂志，不要随手一翻就罢了。准备一本关于“我的风格”的档案，剪下你最喜欢的图片，做些摘录，或干脆看明星街拍，总会给你一大堆的灵感。

我发现看来看去，在所有服饰搭配里，我还是最喜欢简洁的款式搭配出众的细节。

03

李渔曰：“妇人之衣，不贵精而贵洁，不贵丽而贵雅，不贵与富相称，而贵与貌相宜。”

我很喜欢这句话，虽然间隔三百多年，但这句话道出了女人穿衣打扮亘古不变的精髓——舒服、纯净、简约、时尚、优雅、脱俗。

在现实生活中，让人们第一眼看到美丽的衣服，还是美丽的你，这是问题的关键。美丽的衣服代表衣服的美丽但不见得适合你，美丽的你是人与衣服合一，是独一无二的你。

简约而不简单的衣饰一直是我非常推崇的。

比起一味地修饰，懂得适当地收手是必要的。看似简单的造型中，用一件小饰品来画龙点睛，会显得更精致。

简约不仅仅是时尚的，还是优雅的，更是经典的。

从我们拥有的经典款来看，风衣、小黑裙、白衬衫、黑色高领衫……哪款不是简约到了极致？

从索菲亚·罗兰到奥黛丽·赫本，我们会看到美丽的女人并不是以百变女郎的形象成为经典的。她们的一生，永远都只坚持自己独到的审美。

杰奎琳永远不会厌弃她的牛仔裤和风衣，而赫本永远钟爱她的小黑裙，她们穿上质地一流的白衬衫，全世界都为其鼓掌。她们有足够的财富去尝试各种品牌，但她们永远都以简约的、经典的形象示人。这些简单的衣饰，一经她们的诠释便多了几分高贵的气度。她们明白简约就是时尚，坚持简单就是创造经典。她们就这样成为时尚史上一道不朽的风景。

爱研究穿衣打扮的人，无一不是把对美丽的执着、对生活的热爱、关心自己的成长看得很重的人。他们喜欢把这些对自己和对生活的态度体现在衣着上。

一个着装精致的人，一定是一个自律、节制的人。

一个穿得好看的女人，从外在看，是容貌、身材、形态等方面优越于他人；从内在看，是比其他人自知、自制、自信。

所以不要总是带着陈旧的观念来评判那些穿得好看的姑娘，

她们才是真的爱自己。爱生活的人，在做其他事情时也会尊重自己，将生活过得有滋有味，她们才是真正的人生赢家。生活中，谁不爱这样的姑娘呢？

生活步步紧逼，我们绝不能被琐碎的生活禁锢

生活步步紧逼，我们绝不能被琐碎的生活禁锢，试着找机会让自己获得一些自由。能够做到这些的都是用心对待自己的人。只有用心对待自己，你才会获得希望和行动的力量。

让我印象很深的一则广告语：

人生就像一场旅行

不必在乎目的地

在乎的是沿途的风景

和看风景的心情

让心灵去旅行……

我第一次看到这则广告，突然被一种奇怪的感觉击中，就像遇到了危险，体内的肾上腺素大量增加的自然反应。这种感觉就像在你半睡半醒之际，闹钟突然响了起来一样。

这一刻，我忽然感受到了自己的迷茫，原来我早就迷失在了别人认定的世界里。我需要一个暂停，我需要一个改变，我需要出去走走，我需要暂时逃离这按部就班的生活。

它开启了我尘封已久的初心和梦。

这段话应该会让很多人有感触：一种出去走一走的心情油然而生。想起自己每一次在假期结束之时的那种心有不甘，一步一回头地踏上归程时的五味杂陈，坐在办公室的前几天总是无心工作，回想着旅途中的每一处风景……

多么成功的文案啊！真的可以给繁忙而毫无目的人一些启示，让我们总是不由自主地一遍又一遍地问自己：我想过什么样的人生？

毕淑敏说："给自己一段柔软的时光，让灵魂安静绽放。"

每个人的心底都有一个远方的梦，旅行最美妙的感觉就是它让我们触摸到了澄澈的梦。

是的，它们是一串花火，一次远行，一场思考。

有些人或许会任凭周围的人将他和他的梦想吞没，直到看不见踪影。

总在一个环境里生活，容易让我们的世界越来越小。

在其中浸泡久了，人也容易松垮灰暗。而经常换一个环境会让你的世界更加广阔，开拓你的视野。让你知道除了自己的生活方式之外，生活还有无数的形态。高山大川，江河湖海，让你从此不惧生死、襟怀豁达。

我想起了那位河南老师的辞职信——世界那么大，我想去看看。

每个人的选择不同。她说：“我只是一个平凡的女子，想要用自己的目光去触摸世界，大概我拥有了世人缺乏的勇气，做到了常人做不到的一点，所以备受关注。我向往简单的生活，所以，敬请各位，不要再问，不要再提，只是个人行为，仅此而已。”

我并不是号召大家效仿她的离职行为，只是很欣赏她的生活态度。

诚如一位哲人所说：“我们曾经如此渴望波澜，到最后才发现人生最美妙的风景，竟是内心的淡定与从容，我们曾如此期盼外界的认可，到最后才知道世界是自己的，与他人毫无关系。”

我们要对自己的身份有一种认同感，不要对近在咫尺的快乐视而不见，整天费尽心思地往高处攀爬。

专注走脚下的路，找回内心的平静，不受别人脚步的影响，遵循自己的节奏，就会由累变成享受。

享受一切，享受快乐，享受简单，享受富有，享受拮据，享受相聚，享受别离……

享受欣赏沿途风景时的心情！

生活步步紧逼，我们绝不能被琐碎的生活禁锢，试着找机会让自己获得一些自由。能够做到这些的都是用心对待自己的人。只有用心对待自己，你才会获得希望和行动的力量。

女人怎么做，才是爱自己

别只顾着追求物质上的爱自己，切莫忘记精神上的滋养才是根本。相比于物质，要更爱自己的灵魂。

01

以前，我以为爱自己就是以自我为中心，有了情绪就发泄出来，喜欢穿什么就买，喜欢吃什么就买。

我的同学橙子，是个很漂亮的姑娘，肤白长腿，十分爱美，很舍得在穿衣打扮上下功夫。

橙子没有存钱的概念，工资全部用来买衣服和化妆品，每天看她的衣服都不重样，什么流行她就跟着买什么。时髦又前卫，加上高挑的身材，一直是我们身边的“白富美”。

橙子经常说：“女人就是要对自己好，要爱自己，喜欢什么就买什么。”

可是私下里我们发现，橙子找很多人借过钱，而且有的数额过万，超过了一年不还。刚开始大家都不好意思说，怕对橙子的名声不好，后来几个人聚会，说破了这件事，才发现不是个例。大家都很气愤，指责她有钱买奢侈品，却没钱还钱的恶劣行径。

后来大家才知道，她根本不是“白富美”，父母都退休了还在四处打工，就是为了贴补她，让她过上好的生活。知道真相的我们，觉得她的人品大打折扣。

然而这样的舆论，并不妨碍橙子随心所欲地“爱”自己。

现在的橙子虽然是一名经济独立的女性，可以自己挣钱养活自己，她用各种大牌打扮自己，是她口中说的“爱自己”，可她忽略了在品格、教养和精神上提升自己。

在这个时代，很多人都倡导爱自己，挣钱就是用来花的这种理念。很少有人告诉你不要一味地去追求购物的快感，要做长远规划，考虑未来的基本生活保障。不要在面对账单时，在经济捉襟见肘时，才感到尴尬和后悔。

冲动购物的快乐并不会长久，甚至不仅不快乐，后期还会伴随着莫名的痛苦。

直到后来我才明白，爱自己不是一味地满足自己的物质欲望，也不是以自我为中心，只关注自己的需求。而是知道自己要什么，不自我设限，敢于去追求，并为此而努力着。

不把自己的期望寄托在别人身上，而是把自己变得更好，更值得别人尊重和喜欢。这才是爱自己的正确的“打开方式”。

别只顾着追求物质上的爱自己，切莫忘记精神上的滋养才是根本。相比于物质，要更爱自己的灵魂。

02

如何才算是爱自己的灵魂呢？

告别过去，一切的不好都归零

那些不开心的记忆，学着忘记吧。不要让过去的事情影响当下的心情，过去的已经过去，你已经不是过去的你了，因为你一直在成长。

经历是最好的老师。犯了错，下一次我们就绕开了；爱错了，我们就知道自己真正需要的是什么。今天我们为别人的一句话而辗转反侧，过了一年我们可能都忘记了对方说过什么。成长会告诉我们最后一切都会过去，要学会把自己重新归零，告别过去，无论是沮丧的还是骄傲的。

适时奖励自己

小的时候很容易满足，考试得了满分，家长就奖励我们好吃的、好玩的。长大了，很多东西自己可以买到，却没了那种开心。

所以，我们不妨给自己设立奖励机制。比如，完成了一个项目，奖励自己一次旅行；减掉了五公斤，奖励自己一身之前舍不得买的衣服；这次考试考得很好，奖励自己一顿大餐……哪怕是提前把明天的任务完成了，也可以奖励自己。

反正你总会有一些想做却因为各种原因而拖沓的事。用这种奖励的方式，让自己获得成长后的充实感、满足感，这就是爱自己。

别太在意别人的感受而委屈自己

太在意别人的评价，而委屈了自己的感受。有很多人其实并不喜欢做这件事情，但碍于人情而不得不去做。其实当我们累的时候、忙的时候、心情不好的时候，不想帮助别人了，就要懂得拒绝，凭什么委屈自己讨好别人。

如果是自己心甘情愿地想帮，而且那件事确实他自己不能做，确实需要你帮助，该帮还是得帮。无论世界多复杂，我们还是要保持善良。

养成健康的生活习惯

不要熬夜，饮食尽量做到清淡、营养，还有每天要保证适量的运动量。

我们公司有一位女同事，包里常年放着运动鞋，坚持走路上下班，十年如一日。运动给她带来的那股特有的活力，让她看上去比实际年龄至少小十岁。

她总说："别说我每天快走是折磨自己，我最爱我自己，我爱自己的方式就是尽可能地延迟衰老，即使在生命逝去的那一刻，我也要又瘦又美。"

谁又敢说她不爱自己呢！

路漫漫其修远兮，吾将上下而求索！享受爱自己的过程，把它变成一种自然而然的习惯，我们终会拥有属于自己的、不想和任何人交换的人生。

你要坚持一些美好，来爱属于自己的时光

漫步在石子路上，夕阳斜照着长满爬山虎的红瓦墙，沐浴在余晖中的我，心里是那样静美。找一些美好的事情，让时间慢下来，让浮躁的心找到歇息的地方。

01

我们生活在一个匆忙的世界，如果没有被美好而细微的事情吸引，就很难沉静下来，让身心得到真正的放松，会离不开“忙而劳”，得不到“缓且美”。

我希望将时间浪费在美好的事物上，相信所有的细节才是生活的本质。和自己喜欢的一切在一起，才会爱自己、爱生活、爱自然的一切。

02

我会坚持一些美好，来爱属于自己的时光：

听歌

很喜欢听歌、品歌，男歌手里最喜欢张学友，听他的歌，很陶醉、很治愈。女歌手里最喜欢刘若英，学她的歌不需要多么好的嗓子，不需要太多的技巧，但必须抓住一点，把感情投入歌里，用尽你的情感，才能唱出她歌里的味道。

最爱伤感老情歌，就像赴了心碎的约会，看一场流尽眼泪的电影，一次凄美的心动，踏上自我治愈的旅程。

听雨

喜欢有雨的天气，细雨绵绵，不打伞，置身于雨中，静静地聆听雨水滋润着土地的声音。雨前电闪雷鸣，雨中朦胧暗沉，雨后风和日丽。幸运的话还可以看到美丽的彩虹，写到这里想起一句歌词“不经历风雨怎么见彩虹，没有人能随随便便成功”。连大自然都遵守这种规律，何况人生呢！

欣赏怀旧照片

看怀旧照片对我而言，就是欣赏一件件有故事的艺术品，为这些照片标注我第一眼看到它们时的感受，是让我无比专注、沉浸其中的事情。它让时间静止，烦恼止步，留我在充满真快乐的空间里，就似佛家所说的“法喜”，道家所讲的“遁入”，我妈认为的“这孩子着魔了”，但我认为，能找到进入“静”的方法，我很幸运。

看电影

电影给了我很多精神上的享受，精彩的剧情、美食、美景、美人，给我打开了更广阔的世界的大门，弥补了很多我生活上的缺失。现在我每看一部好电影，都会好好享受这两个小时的五味杂陈，感动、流泪、悲伤、温暖、励志、狂喜……之后莞尔一笑，再回到现实。

喝茶

我们总是过于匆忙，以至于喝茶的时间很少。其实，喝茶是一种仪式，是我们与草木之间的联结。我们生活在钢筋水泥的城市，缺少草木之灵气，茶的那份清灵和一股浓厚而醇美的香味，能让我们在纷繁的世界中安静地坐下来，求得片刻的超然与宁静。

与茶邂逅，喝的是一种心境，品的是一种情调，如一杯茉莉花茶，用淡雅香气点缀着我们平凡的生活。无论时光如何流逝，淡淡的茶香永远相随相伴。

读书

书真的是这个世界上最划算的投资了，有时候书带给我们的精彩，价值远比书价高。我很认同一句话："没有经过书熏的人，便无法在内心体会万般的人生。"

每当沉浸在书中，都感到世界突然变得万般丰富了，它似乎唤醒了我所有的感官，可以透过文字看到画面，穿透气息触到质感、尝到滋味……它真的可以带我无限的广阔。

以前看《红楼梦》总是遗憾为什么最后和宝玉在一起的不是黛玉而是宝钗。

难道不喜佳偶天成，不爱美好姻缘？看了很多遍才明白这一场富贵风流。如果是宝黛的结局，如果宝玉注定了要了凡尘，他最终弃黛玉而去，岂不更伤我们的心？我认为作者最爱的女子就是黛玉，虽寄人篱下，身染病疾，但她有倾城美貌、绝世风流，如仙子下凡。和宝玉琴瑟灵犀，许她生不同人，死不同鬼。

最爱书中诗云：“满纸荒唐言，一把辛酸泪，都云作者痴，谁解其中味？”一切皆有因，一切皆是果，只恨我才疏笔拙。

这些事物，于你可能是平凡的，于我可能是极致的享受，于他可能是发现自我之旅。凡事只要能让你乐享其中，为前行而喜悦，为拥有而快乐，就值得去耗费时光。

不爱惜自己身体的人没有明天

爱惜身体才是真爱，其他的不过是顾影自怜的假象。

01

听到一件令人痛心的真事。

一个朋友去医院做检查，查出了严重的妇科疾病，需要马上治疗，在治疗期间不允许过夫妻生活，这位朋友毅然决然地离开了医院。

理由是老公还有一周就出差回来了，如果不能过正常的夫妻生活，老公会失望的，所以先放弃治疗。

听完之后，我被她气笑了。

她这是多爱她的老公，连自己身体的求救信号都置若罔闻，请问这位朋友你的身体是谁的呢？

怕老公失望与身体健康之间，你竟然选择了怕老公失望，难道你就不怕因此错过了最佳的治疗期，而失去健康吗？

有一天当你彻底失去健康的时候，你也就彻底失去了和他过夫妻生活的权利。难道他不会更失望吗？

因为你要治病而暂时不能过夫妻生活，老公就生气、失望，请问这样的老公值得你付出吗？

你都不爱惜你自己，还能指望谁呢？

其实，就像爱唱歌、爱跳舞一样，懂得爱自己的身体，就是一种大道至简的才华。

02

不得不说，很多年轻人都不懂得爱惜自己的身体，不懂得健康的重要性。

为了瘦一点，选择节食，导致内分泌功能失调，一度把健康的身体折腾成病态。更有甚者为了减肥而吸毒。浙江省温州市苍南县一位父亲报警举报自己的女儿。原来，他女儿为了减肥染上毒品，此后一发不可收拾，家人多次劝诫无果。这是多么可怕无知的想法。为了让女儿迷途知返，父亲无奈报警求助。

为了美一点，选择高危的整容手术，有人搭上了健康，有人搭上了生命。这样的例子很多，网上很容易搜到。很多网瘾少年从很小就开始熬夜，通宵上网玩游戏，祸害自己的身体，这样的例子实在是举不胜举。

人们愿意为了一个LV皮包花数万元，愿意为一个马桶花十几万元，却很少为自己的健康做投资，除非生病住院。

健康的生活只需你吃得健康、适当运动和不要熬夜，它甚至简单到不用花一分钱。

所以，我们千万别忘了，疾病是慢慢积累到一个点才爆发的，现在怀着侥幸心理，并不代表你真的没事，等到出现重大症状，那就一切都晚了。

03

最近网上频传出年轻人猝死的悲剧。

江苏一位年仅24岁的工程师猝死，据报道他经常熬夜加班。

广州一位27岁的程序员被发现猝死在单位，第二天早上同事们才发现。

春雨医生创始人兼CEO张锐因突发急性心肌梗死在北京去世，享年44岁。

广州红十字会医院43岁急诊科主任医师李晶因连续加班疲劳过度，导致心脏破裂而死。

深圳36岁的IT男张斌被发现猝死在公司租住的酒店马桶上。当日凌晨一点，他还发出了最后一封工作邮件。

是的，事业要趁年轻好好拼一把，真的没有错。

但是如果事业和健康相悖，我们还是要选择健康，别等到身体垮了，再拿卖命的钱买健康的身体，岂不是太得不偿失了。

就像李开复，他当年为了工作每天睡眠不足四个小时，还和同事比赛“谁能在凌晨回复邮件”“谁睡得更晚”，可就是这样在事业上做出如此卓越成绩的人，却在2013年9月对外宣布自己罹患淋巴癌，不得不把曾经为了事业而压榨身体健康的时间，以高额代价全部奉还。

复旦大学一位罹患乳腺癌的教师于娟，她在博客里写道："若天有定数，我过好我的每一天就是。若天不绝我，那么癌症却真是个警钟：我何苦像之前的三十年那样辛勤地做蜥蜉。名利权情，没有一样是不辛苦的，却没有一样可以带去。""活着就是王道，如是记之。"

可惜于娟最终还是离世而去，留下了《为啥是我得癌症》一文，发人深思。

浙江一位商界巨贾英年早逝，其妻携巨额财产改嫁其生前的司机。

网友们调侃说，说不定司机在幸福之时会感慨："以前，我以为自己是在为老板打工；现在，我才明白老板一直在为我打工！"

残酷的事实说明：活得健康，也是发财致富的关键条件之一！

恳请大家千万要加强锻炼，注意身体健康，说不定谁给谁打工。

虽然是戏说，但是细想真是话糙理不糙，人这辈子最重要的真是健康啊，其他的在健康面前都是浮云。

04

我们的身体，是我们安身立命的基础，是“留得青山在”的资本，如果我们对自己的身体都不爱惜，何谈洞察世事，何谈稳健成长，何谈爱自己、爱他人、爱这个世界？

你站在镜子面前欣赏过自己的身体吗？如同欣赏维纳斯，觉得它那么美。

你用手触摸过自己的身体吗？如同温柔地呵护自己最亲密的人。

你感受过自己身体的气血流动吗？体会它们的每一次循环，此刻它们正流过你的五脏六腑、奇经八脉，为你工作。

伊能静说："爱自己的身体就像谈恋爱一样无微不至，一样用心用情，只要你乖乖地付出大量的爱与关心给身体，身体才会感动得痛哭流涕，发誓好好跟你一生一世，不给你添麻烦，还会尽力帮你完成你要的体力、美丽，还有永远的青春健康。"

爱惜身体才是真爱，其他的不过是顾影自怜的假象。

如果你忽视它、不尊重它、不在乎它，它会冷峻地对你回以颜色，我们无法从病痛的困扰中得到真正的福乐。

罗辑思维CEO李天田在微博上说，她曾目睹严歌苓老师在餐厅等人的情景。她趴在地上做平板支撑，迟到的人来了以后，她脱掉运动外套，里面就是符合晚宴标准的无袖露背紧身上衣。

不得不佩服这个女人懂得并用行动去爱惜自己的身体，什么都可以没有，可以努力争取，但是健康没有了，就真的什么都没有了。

亦舒有句名言，我的归宿就是健康与才干。

所以，爱惜身体就是最大的爱自己。

惬意人生，从跟自己友好相处开始

每个人都是一座孤岛，你必须学会融入才不至于看起来那么寂寞，这个世界上有着各种看得到和看不到的规则，你必须学会，然后在“做自己”和“取悦他人”之间找到平衡。

01

一个静谧的黄昏，我走在回家的路上，风轻轻地吹抚着我的头发和脸颊，夕阳的余晖见缝即入，穿过林荫小路，心里有一股言语难以形容的喜悦，我爱极了此时的生活。

我的公众号个人简介总是这样写自己：白天职场，晚上写作，愿我的文字，按摩你的心灵。

我在金融机构工作，白天的工作很忙，有时甚至累到不想说一句话。实话实说，我不是领导喜欢的员工。无论领导给我安排什么工作，我都倔强地按照自己的节奏来，显然不会让领导满意。我可以按他的喜好工作一天、两天，但我坚持不到第三天，后来我干脆不迎合了，我就做我自己。

职场是另一种世界，这里没有宠溺、娇惯，也不相信眼泪，可是这里有认真态度的打磨，更高效率的行动，以及和拖拉、懒惰战斗的成长。

我喜欢我的工作，它带给我的是每天都有的进步和成就感。

晚上，我又换了另一种状态，我放出了最真实的自己，拿起笔在我的世界自由地徜徉。写细雨霏霏，写烈日炎炎，写天高气爽，写白雪茫茫。但更多的时候是随心所欲、自由奔放。

诚如《心灵写作》中写道："写得好坏不重要，写出来的成果不重要，重要的是你有没有允许自己写到心底去。"

我只要一支笔和几张纸，就可以在自己的世界天马行空，这种感觉简直太好了。

我习惯看自己自由书写的文字，去观察自己的状态，揣摩自己的心思，聆听自己心中最真实的声音，不迂回，不扭曲，不自欺，不否认。它们有痛也有美，皆因真实。

白天职场是我的盔甲，晚上写作是我的软肋。它们一快一慢，一动一静，这种有规律的调换，让我很有安全感。

02

有个女孩给我发私信，她说她讨厌按部就班，一眼望到头的生活，可是离开体制的生活又没有安全感，心里充满了纠结和矛盾，过得很不快乐。

我对她说：“任何一种生活过久了都一样，只是不同的人看到的角度不同，有的人觉得困难重重，有的人觉得风景曼妙。培养一种能力，让自己在成长中逐渐变美。”

而现在的我，白天忙于职场，晚上写作，虽然辛苦却让我找到了方向，觉得自己应该这样走，沉淀下去。

专注、认真地往前走，把目光沉下，向下扎根，向上生长。你自然就会有一种方向感，带你去想去的地方。

我在微信朋友圈曾看过这样一句话："每个人都是一座孤岛，你必须学会融入才不至于看起来那么寂寞，这个世界上有着各种看得到和看不到的规则，你必须学会，然后在"做自己"和"取悦他人"之间找到平衡。"

亲爱的，送给你也送给我。

第四章

千万别看低自己，没人喜欢尘埃中的你

每个人都要明白，

能撑起自己的只有自己，

只有自己精彩起来，

才能真正强大，

活出自我，

别人也才会欣赏你！

敢于做自己的人，他的世界不会太小

不要因为结婚、生孩子而产生自卑情绪，觉得自己再也不如从前受人喜爱。只要找到一种规律，让自己保持成长的状态，你依然是光彩夺目的，比从前更加值得被爱。

01

常常有人问我，女人是不是生了孩子后生活的重心就变成孩子，聊天的话题永远是孩子会笑了，孩子会爬了，孩子会叫“妈妈”了，等等，而在职场基本就没有竞争力了？我会摇头告诉她，我所知道的孩子妈妈，并不都是这样的。

有些事想做现在就去做。

加尔斯是我在aska学习群中的榜样，今年年初她移居加拿大，成为全职妈妈。

她并没有因舒适的生活而放弃自我成长，反而利用带孩子的空隙时间，活力十足地加速实现自己的梦想。她一次次死磕自己陌生的领域，强迫自己进入未知。

放弃月收入六位数的外贸工作，开始创业、写作、学法语、成立魔法读书会、拍电影……每天都在做为未来加分的事情。

虽然一路上走得沟沟坎坎，但她依然坚持初心和梦想。

有时，她觉得自己就像傻傻的阿甘一样，也不知道路在何方，只问耕耘，不问收获。

她总是告诉自己："我不仅是托马斯的妈妈，还是我自己加尔斯。"

事实证明，如果我们始终在原地打转，不愿意挑战，就永远无法体会那些向目标靠近的快乐和狂喜。

也许，前方荆棘丛生，但谁知道转角会不会邂逅更美的风景呢?

有些女人就是有很强的执行力，孩子从来不是束缚，有些事，现在就要去做!

02

努力让人生“开挂”。

我无意间看到一则新闻：《四川32岁妈妈哺乳期零基础备战司法考试，成全省状元》。

这位叫周由的32岁妈妈，去年生完孩子突然萌生了参加司考的念头。得到家人的支持后，她买了参考书，正式开始备战司考。那时候孩子才5个月大。

女儿需要哺乳，周由的备战常态是一边抱着孩子一边看书、做笔记。有时候，孩子会哭闹，她背着孩子一边踱步，一边拿着参考书背诵法条法理。

今年4月，孩子10个月大的时候断奶了，她开始“闭关备考”。她把孩子托付给亲戚照顾，每天学习13个小时，每周探望孩子一次。最终，她考出了448分的好成绩。

要知道司考被称为“天下第一考”，难度不亚于高考和公务员考试。就连法律专业的学生，也常常谈“司考”色变，何况她是个非法律专业的学生。

很多人成绩过及格线已经很不容易，能考到440分以上者则少之又少。而这位妈妈就是那少之又少中的一个。

有些女人就是对自己有股狠劲，生了孩子反而更努力让自己的人生不断“开挂”。

03

因为没时间，所以什么都可以办到。

日本有一位留学哈佛的女医生吉田惠波，她作为一名医生，本身就够忙了，还要照顾两个上幼儿园的女儿，并且怀着老三，办理了读研需要的一切手续，也通过了入学考试，最后丈夫也把工作辞了，带着三个女儿陪她一起去留学。在留学过程中，又生了老四！

吉田惠波的人生有三个重要的理想：继续工作，成为很多孩子的母亲，去留学。而这些事情一样一样完成，似乎遥遥无期。

她做了几年的全职妈妈，工作上所有的积累一夜之间都归零了，而且和社会严重脱节，找工作也难上加难。

吉田惠波在带娃期间巧妙地进行了时间管理，在备考哈佛的过程中兼顾着两个女儿和肚子里的宝宝。

我们来看看她是如何进行时间管理的。

充分运用“大石头理论”

每天晚上照顾完宝宝之后，她就和宝宝一起九点上床睡觉，早上三点钟起床，保证有六小时健康睡眠的同时，也保证从凌晨三点到早晨六点（宝宝起床）之间有完整的三小时用来做系统性学习。这一块整体的学习时间就像上面比喻的“大石块”。

装满大石块之后，又开始安放细沙和水的碎片时间：在每天乘坐新干线往返于公司的两小时中用来阅读相关的书籍或听英语；在家里冰箱、洗漱池旁贴满英文单词，刷牙、洗菜的时候都可以顺便背几个……

同时，因为时间宝贵，所有可以用来工作、学习的时间丝毫不敢浪费，专注力也提高了。利用这些方法提高了时间的密度，在有限的时间里，能够同时做更多的事情。

所有的事情都会有优先级，你的人生观、价值观决定事情的优先级。为了让有效的时间产出更多的结果，我们就必须把时间用在重要的、紧急的事情上，放弃或忽略那些不重要、不紧急的事。

打破思维的禁锢，向别人借时间

提高时间密度虽然提升了时间的利用率，但依然可能面临时间严重不足的问题。

这种时候，不妨换个角度，将一些可以委托的事情通过付费或者拜托别人帮忙的方式，向别人“借”时间。

吉田惠波就聘请了家政人员来打扫卫生、做饭。自己则可以更专注在工作、备考和陪伴孩子上。

放弃不必要的完美主义

既然选择了几个梦想同时进行，那一片混乱就是常态了。

就像吉田惠波在书中所说，有时她想趁孩子睡着后看会儿书，结果孩子睡了几分钟就醒了，她不得不放弃计划赶快去带孩子。

这种不可控的情况随时可能出现，如果你不能坦然接受混乱，学会在乱中求序，那你很容易被现状打败，然后陷入情绪黑洞。

又如，因为吉田下班后要赶着去托儿所接孩子，所以她往往不能参加单位下班后的业务研讨会，后来她不再苛求完整，尽量抽空去参与，哪怕只听十分钟也有十分钟的收获。

她深知在实现梦想的路上，迈出第一步，积累每一步，比完美更重要。

所以对于有些女人来说，不生孩子永远不知道时间可以如此管理。

04

为什么生完孩子反而成了人生赢家？

因为她们在生过孩子之后，背负了沉重的压力，学会迅速搞定自己的时间和情绪，倍加珍惜可以工作的时间，因此开启了梦想的加速器。

她们很清楚自己要努力，因为旁边有孩子崇拜的目光，他生来就是要以她们为榜样；她们很清楚自己要努力，因为有意气风发的老公，她们要上得厅堂，下得厨房，随时都有拿得出手的实力，来吸引他的目光。

作家李爱玲说：

工作让你始终独立进取。

婚姻让你学会爱与被爱。

孩子让你重归单纯童真。

这三件事从来就是不矛盾的，它们是彼此支持、相辅相成的。

孩子从来不是女人梦想的终结和停滞不前的借口，而是女人破茧成蝶的全新起航。

不要因为结婚、生孩子而产生自卑情绪，觉得自己再也不如从前受人喜爱。只要找到一种规律，让自己保持成长的状态，你依然是光彩夺目的，比从前更加值得被爱。

眼神是最好的眼霜

明理而不世故，聪慧而不媚俗，眼中永远有梦和诗的憧憬。这才是真的年轻，这才是最好的心态。

01

由于做客服工作，我每天都和大量的客户打交道。很神奇的是，与人接触得多了，我真的可以从一个人的眼神中找出他性格的端倪，从而根据他的性格特点，采取相应的态度服务，减少了很多不必要的投诉，提升了客户满意度的同时也避免了自己做大量的“无用功”。

透过大量的接触，我发现眼神决定一个人看上去是否年轻，眼睛不重在大小圆长，而重在眼神。

眼神横射、有刺、阴沉或者眼神平和、恬静、含笑，很显然后者比前者耐看、年轻得多。

前段时间我在电视里看到复出的歌手李玲玉，一身白衣还唱着当年《天竺少女》，我立刻被她的眼神深深地迷住了，那是一双顾盼生辉、灵盈明媚，要溢出泉水般的与众不同的眼睛。虽然她五十多岁了，眼角也爬上了皱纹，可眼神如潺潺溪流，清澈纯净，不含杂质，又如缕缕青烟，柔和中透着坚定，是那么有故事、有内容。

还有我很喜欢的女明星张曼玉，也同是五十多岁的人了，她的眼神真的比同龄人纯真、干净许多。

原来岁月可以夺走娇嫩的容颜，却夺不走清澈净的眼神。

人老先老眼，让眼睛显老的不是皱纹而是眼神。随着年龄的增长，大多数人眼神变得复杂、混沌，让人一眼望不到底。

世故的眼神、暧昧的眼神、冷漠的眼神、空洞的眼神……当生活的经历层层沉淀在心底，它会直接透过眼神投射出当前的生活状态、心理状态。

02

孟子对于眼神也有精辟的阐述。他说："存乎人者，莫良于眸子。眸子不能掩其恶，胸中正，则眸子了焉；胸中不正，则眸子眊焉。"他用眼神来判断人心善恶。

这也是为什么同样经历世事，有的人眼睛没有神采，失去光泽；而有些人，她会保护自己的单纯，知世故而不世故，丰富自己内心的同时依然拥有少女般年轻的眼神。

一个女人如果能以单纯的眼光来看待世界，这是多么幸运的一件事情。同样经历人生的高低浮沉，有的人已经难掩苍老，有的人却依然不变内心的良善，拥有内心的净土，拥有一双善于发现美的眼睛。

温润干净的眼神总是能触动并温暖着我们心中最柔软的部分。

眼睛是心灵的窗户，任时光匆匆，我们保有纯净的心灵。明理而不世故，聪慧而不媚俗，眼中永远有梦和诗的憧憬。这才是真的年轻，这才是最好的心态。

我告诉自己，也许我没有大大的、漂亮的眼睛，但我可以通过自我修炼，拥有美丽年轻的眼神。通透，坚韧……这才是抵住岁月的最好的眼霜。

拒绝随波逐流是你对自己最好的保护

逃脱了世俗的限制，我们最终获得的是别人的尊重和欣赏。

01

我写日记的习惯已经坚持十五年了，翻看以前的日记，篇篇是心灵鸡汤啊。

记得很小的时候，家里来了一位算命先生，他跟我妈说："你女儿将来是要拿'笔杆子'的。"虽然我不相信算命这一说，但这句话我却一直记得。

确切地说，是我愿意相信我是天生的写作者。小小年龄就已将写作的种子埋在心底，向往着成为"笔杆子"的一天。

上小学的时候，我对课文中作者所表达的内容，总是有自己独到的理解。很早就明白文章就是作者表情达意的工具，所有的思绪都能诉诸笔端。

我的这种能力还一度被同学怀疑，大家都觉得我有参考书。我当时还为这事大哭了一场。现在想想真好笑，原来他们对我的质疑也是一种肯定。

后来我在写作方面的知识积累得越来越多，也可以随性写下更多的感受了。2000年即将来临的时候，学校要求每人交一篇以“跨世纪的感想”为主题的作文，我一气呵成地写了一篇《理想·责任》，在全国获得了优秀奖。

这是我在写作路上获得的最大的一次鼓励。

对于应试作文，我有自己的技巧：以“确立主题—展开想法—最后点题”这样一个思路，层层阐述自己的观点。我这样写作文每次成绩都不低。

再后来自己经历了一些挫折，在痛苦中挣扎，我找到了一种积极方法来宣泄情绪：写日记。想怎么写就怎么写，它让我坦然面对自己的内心。一切是那么自然。

02

近几年参加聚会，我发现一种现象：

创业者羡慕上班族的安稳，上班族羡慕创业者的自由；创业者瞧不上上班族一眼望到底的无聊，上班族瞧不起创业者的“路漫漫其修远兮”的渺茫。

于是，一群不再满足“专一职业”但又想降低创业风险的“斜杠青年”，选择有多重职业身份的多元化生活。

比如我的一位文友，本职工作是IT行业的程序员，但他同时又是大平台的签约作者，知识管理和阅读训练达人，还是畅销书作家……

他就是一个典型的“斜杠青年”，观念总是很超前，提出的想法也总是让我大开眼界，是我真心佩服的朋友。

这个时代不存在怀才不遇的事，这不是一句鸡汤。在人人都可以做自媒体的时代，只要你够厉害，没有找不到发展平台一说。

从小到大，无论是学习还是工作或者是生活，和别人一争雌雄一直不是我追求的活法。

我可以感受到我和别人的不同，我可以拥有更多的人生体验，我还可以写出自己的故事。为了拒绝随波逐流，有时候内心承受的压力和孤独是我不得不付出的代价。但只要可以保持真实的自己，付出一些代价也是值得的。

“斜杠青年”为了在一眼望到底的生活中找回属于自己的东西，开创了跨界的活法；很多像我一样的人，为了坚持自己的理想，不惜忍受别人异样的眼光。逃脱了世俗的限制，我们最终获得的是别人的尊重和欣赏。

终于，有一天我明白了，人生的苦痛和创伤都是宝贵的财富。正因为这些经历，让我们和别人多少有些不同，所以自己才是独立的存在。

同样，除了自身性格方面的差异，我们的身体和各种生活习惯也让我们有别于其他个体而独特地存在着。

朋友蓝是怎么吃都不发胖的瘦子，而我是易胖体质，减肥五六个月才瘦下去，吃五六天就胖回来，我是真心不想再提减肥这件事了。

蓝不忌口，不运动，也不长赘肉。我们不努力就得不到的东西，别人无需任何努力就唾手可得。因为这件事，我曾经一度觉得上天好不公平。

后来才知道，蓝体质并不好。

细细想来，易胖体质没准是一种幸运。为了不发胖，我们每天都找机会运动，控制饮食，这是何等费劲之路啊！

因为持续运动而保持良好的新陈代谢和健康的身体，更幸运的话会看上去比同龄人年轻很多。

那些什么都不做也不会发胖的人，并不会自寻烦恼地去刻意运动，留意饮食，因此，他们的身体会随着年龄的增长而加速衰退。

我不用因为自己与其他人不同而感到自卑、感到失望。你有属于你的生命本色，努力让这种颜色真实地展现出来，你就是最好的存在。而保持真实的自我不正是活着的有趣之处吗？

真正主宰命运的人，从来不会放弃自己

如果人生是一部电影，只要不落幕，自己就有改变结局的机会——看似悲惨的人生也可以开启新的契机。

01

“如果眼睛里没有泪水，灵魂就永远不会映出彩虹。”

“我记得小时候，父亲常坐在饭桌前，问我当月有什么事情没做好。如果我参加校园剧失败，他会和我击掌庆祝。他总是鼓励我去失败。当时我没有意识到这件事将在多大程度上影响我的未来，影响我对失败的定义。”

这个因失败而受到鼓励的女孩叫萨拉·布雷克里，Spanx（野兽派）创始人。

她的父亲知道，自己的女儿和世界上的其他人一样，有一件事是无法避免的：面对一次次令人沮丧的失败。

他的与众不同之处是选择与孩子一起庆祝失败，在这个过程中教会了女儿重新定义失败对于人的独特价值。

正如这位父亲所料，随着年龄的增长，布雷克里遭遇的打击不再是参加校园剧失败。

在长达十年的创业生涯中，布雷克里尝尽了失败的打击，从一次次的失败中学到了至关重要的技能。这一切都源于父亲的教育：失败会带给你下一次精彩！

不要惧怕失败，失败自有它的精彩。

02

有时候我们好像打开了潘多拉的魔盒，好像被巫婆诅咒了一样，总觉得生活充满了厄运。

婚姻不幸的人，再婚也很容易不幸；得不到重用的人，即使跳槽也依旧得不到重用……

同样的错误或者悲剧在我们的生活中反复出现，四处碰壁的我们不禁黯然神伤：我注定是个loser（失败者）！

我们也曾积极努力地去打破现状，以避免重蹈覆辙，可没什么效果。

但当我们俯视一切，发现社会诚如李笑来老师说的那样：“每个人都是立体的，而非平面。”

我们觉得只要跳出自己的舒适区，只要不断打磨自己熟悉的技能、不断提升自己，就会生活得很好。可这是单一的思维。一个人的生活是多维度的。

我们要学习多领域的技能，要让自己具备随时可以跨界的能力，从不同的方面去寻找更多的可能。

比如厄运，它向我们展示了坏的一面，也让我们锻炼了“反脆弱”的一面，它让我们不甘平庸，参加人生的考试，获得新的灵感，变得更加谦逊……

当我们看清了厄运的本质，我们足以绝地反击，踏踏实实地看到最美的风景。

03

如果遭遇了厄运，千万不要一味地责怪自己，一直回想自己哪里做得不好而造成了今天的局面。不妨站在第三者的角度，想象着遭遇厄运的人不是你，而是你的朋友，你会给出怎样的劝慰？

要知道，把自己放在第三者的角度来看待问题，会让你更深、更广地意识到事情的真相，以及你自己的优势和短板。

请记住“人无完人”，我们有无限的潜能改变这一切，当我们遇到厄运时，做自己最忠诚的朋友。

04

恩曼是演员、作家、电影制作人，多年前因为加入美国陆军国民警卫队而不得不停止手上即将开始的一切工作，而且他还破产了。

当时的恩曼特别痛苦，对于他来说，那真是一段艰难的岁月，他要把曾经的成果抛诸脑后，而且还要在战场上参加战斗。他承受着巨大的压力。

但是恩曼很智慧地将“意外的改变”变成“不请自来的祝福”，他列出参加派驻军队的好处：我会因此变成更加镇定的人；我会有大把的电影题材；我享有退役军人的福利和丰富的旅行经验。

结果，他取得了一连串的成功：出了一本新书，拍了以伊拉克为题材的喜剧纪录片，因驻军有功而获奖。

这些结果还不坏吧！

我们的一生都是独一无二的限量版。厄运自有一番美丽，我们被迫应对时，却意外地收获了成长的最好机会。

如果人生是一部电影，只要不落幕，自己就有改变结局的机会——看似悲惨的人生也可以开启新的契机。

明明可以靠脸吃饭，偏偏要靠才华

美貌一定要和智慧捆绑，才能保你一世安稳。

01

昨天和一个姑娘一起回家。

她和我谈了很多关于男人的话题。

她说：“男人都看脸，根本不care（关心）什么能力、才华……”

她话音一落，我的心咯噔了一下，像一个准备上课的老师忽然发现自己带错了书一样，凌乱得手足无措。

妹子，你现在正是花一般的年纪，你有资格恃美而骄。但是以色事人，免不了色衰爱弛啊！

网上曾有过一个著名的帖子：

我下面要说的都是心里话。本人二十五岁，非常漂亮，是那种让人惊艳的漂亮，谈吐文雅，有品位，想嫁给年薪五十万美元的人。你也许会说我贪心，但在纽约年薪一百万美元才算中产，本人的要求其实不高。

——波尔斯女士

下面是一位华尔街金融家的回帖：

亲爱的波尔斯：

我怀着极大的兴趣看完了贵帖。让我以一个投资专家的身份，对你的处境做一分析。我年薪超过五十万美元，符合你的择偶标准，所以请相信我并不是在浪费大家的时间。

抛开细枝末节，你所说的其实是一笔简单的“财”“貌”交易：甲方提供迷人的外表，乙方出钱，公平交易，童叟无欺。

但是，这里有个致命的问题，你的美貌会消逝，但我的钱却不会无缘无故减少。

事实上，我的收入很可能会逐年递增，而你不可能一年比一年漂亮。

因此，从经济学的角度讲，我是增值资产，你是贬值资产，不但贬值，而且是加速贬值！

你现在二十五岁，在未来的五年里，你仍可以保持窈窕的身段、俏丽的容貌，虽然每年略有退步。

但美貌消逝的速度会越来越快，如果它是你仅有的资产，十年以后你的价值堪忧。

用华尔街术语说，每笔交易都有一个仓位，跟你交往属于“交易仓位”（tradingl position），一旦价值下跌就要立即抛售，而不宜长期持有——也就是你想要的婚姻。

听起来很残忍，但对一件会加速贬值的物资，明智的选择是租赁，而不是购入。年薪能超过五十万美元的人，当然都不是傻瓜，因此我们只会跟你交往，但不会跟你结婚。

所以我劝你不要苦苦寻找嫁给有钱人的秘方。顺便说一句，

你倒可以想办法把自己变成年薪五十万美元的人，这比碰到一个有钱的傻瓜的概率要大。

02

“窈窕淑女，君子好逑。”首先是生理上的需要，上升到心理层面的爱情则是另外一码事，再要升华至谈婚论嫁，则是一种理智的选择。

美貌是一种消耗品，是一种达到顶峰后就开始不断贬值的资产。精明的男性，会选择租赁，而非购买。毕竟，他们是连年利率8%的理财产品都嫌回报少的人啊，怎么会接受负利率呢。

所以妹子，除了照顾好美貌，你还需要其他的砝码。

美貌一定要和智慧捆绑，才能保你一世安稳。

好看的姑娘都知道的，一旦你长得有些姿色，别人就会歪曲你获得的一切，而忽视你的努力：“她升职那么快，跟领导又走那么近，很可疑啊！”“这个单子谈了好久都没搞定，她去谈，就成了，不会为了钱没有底线吧！”……

嫉妒猛于虎。

职场上，好看而不够聪明的女性，容易卷入各种是非；唯有好看又足够睿智的女子，才能够驾轻就熟地用好自己的美貌，游刃有余地处理各种关系。

前段时间听同事说了一个故事，一位姑娘因为容貌姣好被上司盯上。她不愿，又怕职场前途黯淡。

所幸，姑娘不但脸好看，脑子也好使，与上司的老婆成了微信好友，聊着聊着就成了闺蜜。

上司每晚都被吹枕边风，从此不再骚扰她，还对她处处照顾。

只有匹配相应的智商，才能让好看的外貌发挥最大的价值。否则，美貌只会为你招来嫉妒，甚至让你成为人肉靶子，害你万箭穿心。

的确，美貌是最值得骄傲的天赋，因为它无需证明。

但听说美貌和才华更配！

长得貌美，是上天赏饭，是与生俱来的一种特殊禀赋。

如若配上才华，那就是名副其实受到上天的宠爱。

“国民女神”那么多，最让人怀念的还是林徽因。她长得极美，又写得一手好诗，颇有气韵。

容貌，才情，爱情，她样样都有，简直羡煞世人。

她是美人，也是才女，仿佛世间所有的美好都落在了她一人身上。极惹目。

所以，她注定讨男子喜欢，徐志摩爱她，梁思成爱她，金岳霖爱她。

三位都是顶级才子，处于这种层次的人接触到的异性，往往跟他们学历相当、家境相仿，个个都优秀出众。他们是“看脸”，但绝非跨越阶层，只看一张脸，而是在同阶层的异性里，选长得最好看的。不是一个阶层的人，哪怕脸长得再好看，恐怕也入不了他们的法眼。

上天赐予你美貌，请一定不要暴殄天物：修炼美貌的同时，更要进行内在的修炼。这样，你既可以利用智慧进入更高级的圈子，用美貌撬动更大的价值；亦可以选择运用才华，过上“明明可以靠脸吃饭，偏偏要靠才华”的人生。

自己是对的状态，才会吸引对的人

面对爱情的问题，重要的往往不是解决方法，而是你有什么样的心态。

01

面对爱情这道亘古不变的人生考题，无论是贩夫走卒还是达官贵族，无论是相貌平凡还是容颜出众，能毫发无伤地通过爱情的考验的，真是寥寥无几！

我承认我是爱情的“留级生”。

我知道如果我不彻底攻破“独立自主”这个人生课题，我可能会被爱情一直放逐到天际！

很多学习“吸引力法则”的人，会以正面思考的方法，一直下着“完美爱人”的订单。

可问题来了，即使我们很成功地遇见了心仪的“完美爱人”，我们懂得如何相处、如何守住吗？

有了“完美爱人”就一劳永逸了吗？

我们甚至发现“完美爱人”会让你加倍感到孤单、空虚，让你没有安全感……

02

不要以为有了爱情，人生就圆满了，刚好相反，往往是等到爱情出现时，人生的课题才真正开始。

股神巴菲特说：“当大浪退去时，我们才知道谁在裸泳。”同理，当爱情的甜蜜的糖衣蜕去，你是甜蜜还是苦涩就会一一现形！

怎么办？

我很欣赏刘若英的一段话：

“这么多年我都是一个人过来的。大概在三十几岁的时候，我有一阵子特别想结婚，但是过了三十五岁，结婚的念头就很淡了——反正也这个年纪了，急也没用，索性好好挑挑。

“慢慢地，我一个人可以去做很多事情：逛街，看电影，喝咖啡……有一天我在家里，给自己煮了很好吃的牛肉面，配上新鲜的蔬菜，坐在被阳光包围着的餐桌前细细品尝。我突然觉得，一个人的生活，真的也很不错嘛，就让我这样自己过一辈子，也没什么不可以。

“也许正是因为我将单身生活打理得很好，结婚的念头不是那么迫切，所以在和钟石恋爱之后，我给了他很大的空间——我不会一天给他打很多电话，问他在做什么，和谁在一起；我不会像个小女孩一样，凡事依赖他、要他陪着我。”

正是这份独立，让刘若英过了爱情这一关！

欣频老师总结得更灵性、更棒：

爱情是用来检验自己是否完整的最好的测试纸，如果你不论在恋爱还是在没恋爱的状态下都没有痛苦，表示你已经彻底完整了。如果你能做到有没有爱情都没有差别，那么就表示爱情的课题过关了。

03

面对爱情的问题，重要的往往不是解决方法，而是你有什么样的心态。爱情，其实大家都失败过，真的不要把爱情想象成生活的全部。

最好的爱情就是可以跟这个人在一起，让自己变得越来越好。你跟他在一起，你能始终觉得双方都在变好。他陪着你的时候，你从没羡慕过其他人。

一起变好的前提是，你是独立的，你不会把你的生活建立在他的身上，你还可以去做很多其他有意义的事情。

爱情好比西瓜，而幸福从来不是一个孤零零的西瓜，它是桃子、苹果等水果组成的大果盘，你什么都得有。当你有了很多水果，你就不会只守着这个西瓜了。给了对方自由，也给了自己空气。

无论与谁一起生活，有一项本能绝不能丢：明白自己的快乐与兴趣所在，并且永远挤出一点时间与它们相处。只有自己在对的状态，我们才会吸引对的人。

别让不自信限制了你的可能性

原来自信的底色来自能量和智慧的不断修炼。

自信是什么意思？

百度上的解释是自信简单来说就是一种感觉，一种相信自己可以把事情做好，相信自己的能力的内在驱动力。

我发现一个有趣的现象，身边有一部分人在二三十岁时很自信，但到了四五十岁时就自信全无；而有一部分人二三十岁很没有自信，但到了四五十岁却自信满满。

我以前总感觉是长相和钱的事。前者年轻貌美，感觉有很多挥霍的资本，到了一定年龄，这个资本也慢慢从给自己打七折、对折、三折，到最后销声匿迹。后者二三十岁的时候，长相不行、家境不行，反正各种不行，很不自信，随着自己不断的努力，阅历渐长，最后反而拥有了自信的人生。

从心理学角度阐述，自我成长与原生家庭的关系和来自儿时的记忆有很大的关联。与原生家庭关系越融洽且童年时光轻松幸福的人，自信指数越高，反之亦然。

从能量学角度来说，能量越高，人越自信；能量越低，人越晦昧。

而外貌和财物仅仅是能量的一种。我曾浅薄地认为有了美貌和财物，人就会自信，没有了这些，人就是自卑的。显然，我当时的认知高度和看问题的深度极其有限，现在想想真是可笑。（请原谅我对自己的智商和情商无限度的宽容。）

读王通老师《通知》中有关自信的文章，才发现自己的理解太过片面。

书中说："获得自信最简单的方法就是提升自己的能量和智慧。"

外在的一切终究会随着时光的流逝而变得面目全非，而内在修养的能量和智慧，诚如诗人徐志摩所说，“任天堂沦陷，地狱开放，谁也夺不去我内府的宝藏”。

书中的两段话对我很有启发：当我观察周围的人时，发现绝大多数人都是机械般地过着每一天，尽管他们的情商和智商都很高，但是不知不觉地就被环境给同化了。人的成长就是不断对外妥协的过程，妥协到最后，就是失去自我。只有少部分人，他们也许智商不高，情商也不高，但是坚持每天反省自己，总结自己，时刻记得本我。在这个过程中他们每天进步一点点，最终反而可以成长得更好，同时可以过着有意义的一生。

你想妥协成为一个社会机器，还是活出有意义的自我呢？

换句话就是，你想过随波逐流、空洞机械的一生，还是想过独立自主、自信满满的人生呢？

我观察过身边真正自信的人，他们温和、礼貌，从不咄咄逼人。他们重视的是自己的目标是否完成了，而非证明给别人看，他们总是集中精力在自己的目标上而非其他琐事，任别人褒贬他们的能力和行为，坦然地表达对别人的憧憬和感激。

他们明白目标的价值，享受所做的事情，勇于行动。

原来自信的底色来自能量和智慧的不断修炼。

人生不能简省的三件事

人生有三件事不能简省，分别是学习、旅行和锻炼。

01

吴伯凡在《青年人在快速变化的时代如何胜出》的专栏里说：年轻人应该多尝试一些“微出轨”，“微出轨”的意思就是适当地跳出自己的舒适区，多接触一些不同的生活。

我原本是随意而安的人，从未想过自己想要成为什么人，做什么样的事，见山过山，见水涉水，迈一步就走一步，特别害怕改变，一直追求稳定。

有过一些痛苦的经历，体验过风吹浪打，有过溺水般的伤痛，现在的我终于知道自己的问题出在哪儿了，没有高度，没有方法，没有方向。

这个世界每天都发生着巨大的变化，想保持稳定的步伐，以为可以永远生活在一个安逸的环境里，那是不可能的。

要像冲浪的人一样，跟随海浪变化但却可以凌驾于海浪之上，让海浪成为自己的助力，我们才有真正变化中的“稳定”。

只有习惯跳出舒适区，才会快意，才会有源源不绝的灵感和机会，这个时代是注重“人”的时代，不论你有什么背景，只论你有什么特长，你有什么价值，你有什么样的行为。

而想跳出舒适区，那么人生有三件事不能简省，分别是学习、旅行和锻炼。仔细想想自己真的很赞同。是的，我们可以住在小房子里，穿旧衣服，吃白粥素菜，但是有一些事情是不可以简省的，它关乎精神世界的快乐、幸福和成长。

02

第一件事就是学习。

微信朋友圈有一句话是这样解释“学习”的：“年轻时，学习是为了理想，为了安定；中年时，学习是为了补充空洞的心灵；老年时，学习则是一种意境，慢慢品味，自乐其中。”

学习就是一种成长。但是学习是需要学费的，而且这种付费不像买东西时的等价交换。投入学习的钱，你不知道自己能学成什么样，也不清楚得到的回报究竟是什么，但学习了就是一种进步和成长。

我认识一个朋友，她来自一个贫穷的小县城。因为爱看韩剧，她决定学韩语。她为了报一个韩语课程，吃了半年的馒头、咸菜。后来听说她在学校食堂帮忙洗碗，可以每天免费吃一顿三个菜的饭，还有一些额外的收入，一万多元的韩语课程费，她努力地攒了一年，终于攒到了。

后来学校有一个机会，可以以“优秀学生代表”去韩国大学交流一年，她凭借出色的韩语很快得到韩国招生工作人员的青睐，如愿去了韩国。

学习是实现梦想的阶梯。

其实我们有时选择学习，它也许暂时无法给你带来什么，但随着你的不断提升，你终究会在未来看见那个更好的自己的，这是坚持学习的魅力。

第二件事情是旅行。

首先，旅行可以减缓生活和工作带来的压力，使精神和心灵彻底得到放松。

其次，旅行可以增长人的见识和见闻，能够看看外面的世界，跳出井底，看到更大的一片天空，能给人带来全新的感受、视角和心情。

然而我要说的是旅行和旅游不同，旅游只是简单的观光，没有太多感触，花钱去体验美景、美食，回来之后便只有那些照片作为你去过这个地方的证明。

旅行就不一样，它是一种心的旅行，去感受那里的山和水，美丽的建筑的故事，感受那个地方的人文风情有什么不同，体验和感悟不一样的人生。

最后，旅行可以让我们交到志同道合的好朋友。因为在旅行之中，我们可以真真切切地感受到彼此的三观是否契合，交朋友就是由“不熟”到“熟”的一个过程。即使成不了最要好的朋友，路上的那些欢声笑语和共同游玩的经历，也是一辈子美好的回忆。

要读万卷书，行万里路。旅行是我们将所学的知识和见解在旅行中感悟，从而让我们的人生拥有不一样的心态、行为和可能。

第三件事是运动。

健康的重要性，每一个人都心知肚明，没有了健康就等于没有了一切。有一句话说得好：“留得青山在，不怕没柴烧。”这个“青山”指的就是健康的身体，所以保护好我们的身体，是我们更好地活在这个世界上的保障。而坚持运动是健康的保障。

运动会改善你的心情。度过了紧张的一天，你想消耗掉多余的能量吗？去健身中心做运动或悠闲地散个步会有助于你冷静下来。运动可以刺激大脑产生多种化学物质，这些化学物质会让你感到快乐和轻松。

要是你定期地进行运动，你会变得好看，心情会更舒畅。定期运动可以增强你的自信心和自尊心，会减少焦虑的感觉。

我们总是苦恼没有太多的时间来做运动。其实走楼梯，在午饭后休息的时候去散散步都是很好的运动。只要你有了运动的意识，随时可以运动。

我的好朋友坚持练了十年的瑜伽，她以前坐车几分钟就会呕吐，现在我们去旅游，她一点晕车的迹象都没有；她的身材依然很苗条，许多小姑娘都比不过她。每次出门，不认识的人都会以为她没有结婚，其实她已经是两个孩子的妈妈了。

她以身传教，给我们做了一个好榜样。

不管这个世界如何更新迭代，不管我们现在过得多么拮据无奈，我们的人生有三件事不能简省：学习、旅行、运动。因为这是我们打开心门的钥匙，是看世界的路。

人可以穷，但不能糙

我所理解的精致，跟钱多钱少没有多大关系，它是一个人的内在世界，是思想观念反映出来的一种精神气质。一个人对现实的态度决定他的行为，而行为又体现了他对现实的态度。

01

昨天一位打扮时尚的客户和我聊关于“精致”的话题，她最后说了一句：“女人的精致是需要金钱堆砌的！”而我却不那么认为。

锦衣华服，珠光宝气，玉盘珍馐以及每一场触及灵魂的旅行……这些都是需要钱的。我们眼中的精致与优雅的确都是用钱堆出来的。

所以很多人觉得只要拥有了足够多的金钱，精致就信手拈来。

但我觉得用金钱包装出来的精致，就像缺乏灵气的花瓶，充满了人工制造的生硬，而无浑然天成的灵气。

我所理解的精致，跟钱多钱少没有多大关系，它是一个人的内在世界，是思想观念反映出来的一种精神气质。一个人对现实的态度决定他的行为，而行为又体现了他对现实的态度。

02

在大连上学的时候，有位来自偏远地区的室友，暂且称她为D。她每次回家，都要先坐火车，再坐汽车，最后背包步行几公里。总而言之，她家离学校的距离是常人无法想象的远。

一个静谧的黄昏，她给我们讲她母亲的故事。听着她的讲述，仿佛那位命运多舛、在困境中不屈不挠的清瘦美丽的母亲就在我们眼前。

D的母亲常说一句话："人可以穷，但不能糙。"

她给D亲手做白衬衣、碎花裙，让穿着粗布衣服的D在艰辛中明白什么是整洁、精致。

D说，母亲的态度让她知道，即使是褶皱的纸团，只要展开铺平，也依然可以在上面画出美丽的山水。

而我的另一个室友S，家境富裕。她来上学的第一天，母亲就一口气给她买了很多条时髦的裙子。恕我直言，她没有一件穿得像样。她总是把衣服随随便便一扔，想穿了就皱皱巴巴地套上，她最常说的一句话就是："天啊，又乱了。"

S总也弄不明白，住对床的室友D是怎么把每一天都过得干干净净、游刃有余的。她每天还会听音乐、练毛笔字、读名著……

S的床上，横看竖看就是乱，而对面那张床，被子叠得像豆腐块，洗得发白的床单总是铺得整整齐齐。

不知为什么，时尚美丽的S和朴素大方的D站在一起，总是略输一筹。在那时，我才知道原来有一种美好的气质叫精致。

精致的气质，它受的是环境的影响，也最直接反映了一个人的内在格局。

03

我身边有一位阿姨，已经年过五旬，但是她每天都早起一个小时化妆，细细地绾起发髻，搭配好一天的衣衫。即使下楼倒个垃圾，她也要美美地涂上唇彩，穿上四厘米的空姐低跟鞋。

她还有每晚睡前阅读一个小时的习惯，已经坚持了近三十年。虽然眼角已爬上皱纹，可眼神却如潺潺溪流，清澈纯净，不含杂质。浑身散发着优雅的气质，总是让人有一种莫名的好感。

我记得她对我说过一句话："女人的精致不是刻意，而是习惯和乐趣。"

这种乐趣会提高人的活力，大大地增加生活的信心。

阿姨没有什么钱，却活出了很多有钱人活不出的精致。

精致大概就是时刻都美好而认真地生活。这个习惯真的和金钱无关，而与内心有关。

作家陈丹燕写过一本书叫《上海的金枝玉叶》，给人印象最深的就是老上海永安百货郭氏家族的四小姐郭婉莹。

郭小姐是从小被"富养"的女孩，受到的教育是当时顶级的，是名副其实的富家名媛。不过打动我的并不是她尊贵的出身，而是她无论身处什么样的境地，都从未放弃用“精致”的一面来面对现实。

百货公司国有化以后，从前出门永远有车、有保镖相随的闺门小姐，也可以换上粗布衣服，开始为生计而工作。

条件最为艰苦的时候，她去乡下劳改，干尽了又脏又累的活。她仍坚持穿旗袍清洗马桶，穿着光洁的皮鞋在菜市场卖咸鸭蛋。

在资源匮乏的条件下，她还能用煤球和铁丝烤出酥脆的吐司，用铝锅和面粉做出有圣彼得风味的蛋糕。

那不是矫情，那是从骨子里散发出来的精致的天性。

正因为灵魂深处拥有高贵，面对困境时才会有寒衣掩盖不住的光芒。

04

我们总是觉得注重外在的人都很肤浅，只有注重内在的人才有内涵。

经常有人告诉你，马铃薯再怎么打扮也是土豆，不要做那些无用功。

然而，当我们走向外面的世界，认识了越来越多的外有魅力、内有山水的姑娘之后才发现，原来精致不是要多美好的外在，也不是只关心内在，精致是一种积极的态度，是让人散发优雅的精神气质。

我工位对面的女孩，没有漂亮的外表，却比很多漂亮女孩显得美丽。

她每天都早一点上班，打卡以后第一件事就是戴上胶皮手套，里里外外地收拾。然后往粉红色的玻璃杯里倒满温水，吞下一把维生素，打开粉色的Hello Kitty加湿器，换上高跟鞋，擦上香草味的护手霜，涂甜橘味的口红。

做完这一切她才开始进入工作状态。每天十五分钟雷打不动的上班前仪式，让我们无法不对她另眼相看。

我们的办公桌要么凌乱不堪，要么什么都没有，只有她的桌子永远整整齐齐，几盆可爱的绿色植物让人赏心悦目。

每次经过她的办公桌我们的心情都格外舒畅。

为什么我们要坚持精致？

一扇窗被砸破了却没人修，就会有人破坏更多的窗户。

一面墙被涂抹了却没有人清理，墙很快就会被涂上更多的东西。

你周围的地脏了，你却懒得去扫，很快就会有人毫不愧疚地扔更多的垃圾。

这就是著名的“破窗效应”。

为什么我们要坚持精致？

因为只有我们把生活过得精致了，别人才会对我们的底线有所顾忌，才不敢在我们的世界里造次。

只有我们把生活过得精致了，别人才会以尊重和温柔待我们。

只有我们把生活过得精致了，世界才会努力地配合我们，这种美好才会循环。

我们只要坚持精致地做自己，就会拥有自己喜欢的生活。

我们只要坚持精致地做自己，世界就会给我们的生活锦上添花。

越主动，活得越精彩

直到我们终于不再逃避，终于可以真实、坦荡地活着的时候，光芒才会出现。

深夜，换一杯热茶。我轻轻地晃动手中的茶杯，看淡绿的叶子渐渐在水中舒展浮游，于是呷上一口，感受不时飘来的芳香。

有一股很强的冲动，我要给你写封信。

亲爱的加尔斯：

你好！

请允许我这个对你来说有些陌生的朋友，突然很任性地给你写一封信。真的很犹豫，我一直鼓励自己，听从内心的声音，想写就写。

很高兴能在一个学习群里认识你，与你互加微信，关注你的公众号，你的每一篇文章我都很认真地拜读，在精彩之处做了详细的笔记。每每看完你温暖、细腻、有治愈功效的文字，我都会自叹不如。

因为我也喜欢写作，所以略略懂得，读一个人的文字也可以大概看出他的底色。很多人都喜欢你，感谢你的文章带给他们力量，我相信这是你写作的初衷，深深地感谢你带给我“榜样的力量”。

很奇怪我很想把这些年的感触说给没有见过面的你听。乐嘉说：“自剖这事，实在是极痛！”我自私了一把，想借你温暖的心房，谁又想离开温暖的地方呢！

我是一个做事喜欢以自我为中心、缺少奉献精神、凡事喜欢依赖他人的人，而我的人生课题正是独立自主和沟通表达。试想一下，一个不愿意付出，沟通表达能力不佳，天生喜欢依赖别人，却总是让自己被动地陷于孤立无援之境地的人，我的功课做得有多差，老天给了我一套又一套的考卷，近十年之久，过程中有很多伤，极痛。

我曾一度抑郁，每天午休绕着体育馆边走边流泪，什么事也提不起兴致，内心世界坍塌了，每天活得很紧缩、很恐惧。

处在人生的低谷中，生活暗淡，情绪消极，我唯一没有放弃的是读书、写字。

直到有一天，我看到素黑在书里说：

“只有看见了黑暗里的自己，才能引领它到光里去。”

握着书的我豁然惊醒。那一瞬被很奇怪的感觉击中，就像是遇到危险时身体自然的警觉反应，体内忽然释放出大量的肾上腺素，就像梦游中被人扇了一巴掌，突然醒来我才意识到我正在从内而外地走向枯萎。一个很大的声音从胸口传来：“你必须改变！”

改变：

抄佛经，读了几十本励志书，报名国家二级心理咨询师课程，报汽车驾驶员课程，写文章，照顾家人，学习付出，用心工作……

慢慢地，我放下怨怼，把所有的不甘和失落都化为感恩、付出……

我明白所有的苦难都是功课，治愈最重要的过程是爱每一个时期的自己。没有最好和最坏，好的让我们累积，坏的让我学习付出与自省，勇敢去做自己想做的事，为了醒悟而不是逃避。我更明白了所有的力量都来自内在。直到我们终于不再逃避，终于可以真实、坦荡地活着的时候，光芒才会出现。

在茫茫黑夜中漫游，我明白若只靠外界的光亮，永远也看不清自己的真容，而只能看到自己的影子。谁如命运似的催我前行？睿智的泰戈尔写道：“那是我自己，在身后大步走着。”

今天在朋友圈看了你转的文章，好多朋友点赞，突然感受到你散发的“榜样的力量”。仿佛看到你强大的小宇宙。你的精彩就是我的动力，最美好的温暖如你，时刻散发光和热却不自知。亲爱的加尔斯，你值得一切美好中的美好，谢谢你，深深地祝福你……

永远爱你的晓木